Hartmann/Schriever
Vordenkerinnen

UNRAST

Priv.-Doz. Dr. rer. nat. Betti Hartmann ist promovierte und habilitierte theoretische Physikerin, Lecturer am University College London und Privatdozentin an der Universität Oldenburg. Sie ist Autorin von ca. 100 wissenschaftlichen Publikationen.

Prof. Dr. phil. Carla Schriever ist promovierte Philosophin, Professorin an der Internationalen Hochschule, Hannover, und Leiterin eines Mentoring-Programms für Frauen in der Wissenschaft, Autorin von *fEMPOWER. Ratgeber für angehende Wissenschaftlerinnen* und *Der Andere als Herausforderung. Konzeptionen einer neuen Verantwortungsethik nach Lévinas und Butler.*

Betti Hartmann, Carla Schriever

Vordenkerinnen

Physikerinnen und Philosophinnen durch die Jahrhunderte

UNRAST

Bibliografische Information der Deutschen Bibliothek
Die Deutsche Bibliothek verzeichnet diese Publikation in der Deutschen Nationalbibliografie; detaillierte bibliografische Daten sind im Internet über https://www.dnb.de abrufbar.

Betti Hartmann, Carla Schriever
Vordenkerinnen
1. Auflage, Mai 2022
ISBN 978-3-89771-343-7

www.unrast-verlag.de – kontakt@unrast-verlag.de
Mitglied in der assoziation Linker Verlage (aLiVe)

Umschlag und Portraits: Felix Hetscher, Münster
Satz: Andreas Hollender, Köln
Druck: Multiprint, Kostinbrod

Inhalt

Wir widmen dieses Buch all den großartigen Wissenschaftlerinnen, denen wir begegnet sind, denen wir täglich begegnen und denen wir in der Zukunft begegnen werden.

Vorwort

Wie viele Namen von Philosophinnen und Physikerinnen fallen Dir ein? Wenn wir uns selbst die Frage stellen, schockiert uns die Antwort: Hannah Arendt? Marie Curie?

Dies scheint nicht überraschend, denn egal ob in der Wissenschaft oder in der alltäglichen Berichterstattung – man findet nur mit Mühe mehr als zwei Namen. Wenn man nach männlichen Physikern fragt, scheint die Antwort auf der Hand zu liegen: die meisten kennen Galileo, Newton und Einstein aus der Schule. Viele wissen auch von den Philosophen Platon, Kant und Hegel. Philosophinnen und Physikerinnen hingegen werden schon lange aus gesellschaftlichen und wissenschaftlichen Diskursen ausgegrenzt. Ihre Ideen wurden gestohlen, ihre Werke kopiert und vielen wird bis heute ihre wissenschaftliche Bedeutung abgesprochen.

Mit diesem Buch unternehmen wir den Versuch, diese Lücke zu schließen. Wir möchten Menschen inspirieren, die an Geschichten, Gedanken und Theorien von beeindruckenden Wissenschaftlerinnen interessiert sind – und ihnen eine Möglichkeit geben, mithilfe unseres Buches tiefer in die Materie einzusteigen. Dabei ist unser primäres Anliegen nicht, die Biografien der Frauen und ihre Beziehungen zu berühmten Männern darzustellen. Vielmehr möchten wir Einblicke in die individuellen Leistungen geben und dabei die Theorien mit den komplexen Ausschlussmechanismen (Sexismus, Rassismus, Homophobie) zusammendenken, Ausschlussmechanismen, von denen Frauen innerhalb und außerhalb ihrer wissenschaftlichen Tätigkeiten betroffen waren und bis heute sind.

Wir werden in jedem Kapitel eine Physikerin und eine Philosophin vorstellen, deren Werke eine bestimmte Zeit geprägt haben. In den Kapiteln I, II und V.9. stellen wird dabei Wissenschaftlerinnen vor, die sowohl Physikerinnen als auch Philosophinnen waren bzw. sind. Zudem besprechen wir in den übrigen Kapiteln abwechselnd zunächst eine Physikerin bzw. eine Philosophin. Wir verwenden diese fluide Struktur, um nicht den Eindruck entstehen zu lassen, dass eine der beiden Disziplinen ›wichtiger‹

ist. Vielmehr sind wir der festen Überzeugung, dass Kommunikation auf Augenhöhe essenziell für die Zukunft der Wissenschaft sein wird.

Im Unterschied zu berühmten männlichen Wissenschaftlern, von denen wir wissen, mit wem sie Tee getrunken und gestritten haben, wissen wir fast nichts über Begegnungen von Wissenschaftlerinnen jenseits fachlicher Grenzen. Daher unternehmen wir zum Abschluss jedes Kapitels den Versuch, uns vorzustellen, worüber sie gesprochen oder gestritten haben könnten und wie sie sich und ihre Theorien durch den Austausch hätten weiterentwickeln können.

Unsere Ausführungen haben keinen Anspruch auf vollständige und umfassende Darlegung der Biografie oder aller wissenschaftlicher Forschungen, vielmehr möchten wir Dich einladen, diese spannenden Wissenschaftlerinnen und Aspekte ihres Werkes kennenzulernen, um unser gemeinsames Verständnis der großen Errungenschaften und wichtigen Theorien zu transformieren.

Betti Hartmann und Carla Schriever, April 2022

Antike: Die Symbolfigur

Hypatia

Betrachtet man Raffaels berühmtes Fresko *Die Schule von Athen*, das sich im Vatikan befindet, bemerkt man eine Frau im Kreise der weltbekannten Philosophen und Wissenschaftler (z.B. Euklid, Platon, Aristoteles und Sokrates): Hypatia. Die Tatsache, dass Raffael sie 1200 Jahre nach ihrem Tod auf einem Fresko verewigte, zeigt ihre Bedeutung. Hypatia kann zurecht als eine Leitfigur (oder Symbolfigur) für Frauen in der Philosophie und Physik gesehen werden, ist sie doch die erste Wissenschaftlerin und Philosophin der Geschichte, von der wir genauere Kenntnis haben. Am Beispiel von Hypatia lässt sich auch feststellen, dass Wissenschaft und Philosophie über Jahrtausende eng verbunden waren. In der Tat gingen andere Disziplinen aus der Philosophie (aus dem Griechischen: ›Liebe zu Weisheit‹) hervor. In englischsprachigen Ländern werden z.B. Doktortitel – auch in den Naturwissenschaften – heute immer noch mit ›Doctor of Philosophy‹ bezeichnet. Erst im frühen 20. Jahrhundert entkoppelten sich die akademischen Disziplinen voneinander. In diesem Buch möchten wir neben der Darstellung der herausragenden (und oft wenig beachteten) Leistungen von Frauen auch betonen, dass Naturwissenschaften und Philosophie (und andere akademisch getrennte Disziplinen) viel voneinander lernen könnten, ähnlich wie es zur Lebenszeit von Hypatia selbstverständlich war.

Sucht man nach Biografien oder Literatur zu Hypatia, stößt man schnell auf Texte, die ihre Schönheit, die Tatsache, dass sie niemals verheiratet war, oder aber ihre brutale Ermordung in den Vordergrund stellen, ohne die bemerkenswerten Leistungen dieser Frau zu thematisieren. Hier zeigt sich eine (leider) typische Herangehensweise an das Leben von berühmten Frauen – oft werden ihre (romantischen) Beziehungen zu Männern (oder das Nichtvorhandensein ebendieser) oder ihre Attraktivität in den Vordergrund gestellt – eine Herangehensweise, die sich nur sehr selten in Biografien von männlichen Wissenschaftlern findet.

Hypatia wurde zwischen 355 und 370 n. Chr. in Alexandria (im heutigen Ägypten) geboren. Ihr Vater Theon, der Mathematiker, Astronom und der Leiter der Universität von Alexandria war, ermöglichte ihr eine profunde Ausbildung, die möglicherweise auch zu Teilen in Athen stattfand.

Alexandria, das 331 v. Chr. von Alexander dem Großen gegründet wurde, stand intellektuell in griechischer Tradition. Dies änderte sich auch nicht, als die Stadt ab 30 v.Chr. zum römischen (und ab 364 n. Chr. zum oströmischen) Reich gehörte. Mit der Grundsteinlegung der Stadt einher ging die Gründung des *Museums* (330 v. Chr.), einer universitäts-ähnlichen Einrichtung, die in ihrer Bibliothek das gesamte Wissen der antiken Welt beinhaltete und die solch berühmte Wissenschaftler wie Euklid und Claudius Ptolemäus hervorbrachte (vgl. Bernardi, 2016, Kapitel 5).

An dieser Universität wurde auch Mathematik studiert, eine Disziplin, die in vier Unterkategorien aufgeteilt war: 1) Arithmetik (Zahlen und Operationen mit Zahlen), 2) Geometrie (Objekte und ihre Eigenschaften), 3) Astronomie (Himmelskörper und ihre Eigenschaften) und 4) Musik. Wir wissen heute, dass Hypatia in all diesen Disziplinen aktiv war (vgl. Deadkin, 2007). Außerdem betrieb sie Philosophie, wobei ›Philosophie‹ nicht als eine rein theoretische bzw. akademische Disziplin zu verstehen war, sondern in griechischer Tradition eng mit praktischen und politischen Fragestellungen verbunden war. So wurde Hypatia häufig vom zivilen Verwalter Alexandrias, Orestes, zu Rate gezogen.

Leider gibt es keine von Hypatia persönlich verfassten Schriften, die erhalten geblieben sind. Allerdings sind einige Primärquellen vorhanden, in denen ihre Leistungen besprochen werden (vgl. Deadkin, 2017). Dazu gehören u.a. die Briefe, die Hypatias Schüler Synesius an sie schrieb, die *Suda*, die am besten erhaltene byzantinische Enzyklopädie, die im 10. Jahrhundert verfasst wurde, sowie ein Kommentar ihres Vaters Theon bzgl. des dritten

Buches des von Claudius Ptolemäus verfassten *Algamest*. All diese Quellen bestätigen die Aussagen des Sokrates Scholastikos in seiner im 4. Jahrhundert verfassten Kirchengeschichte (*Historia ecclesiastica)* über Hypatia. Er schrieb, dass sie »in Literatur und Wissenschaft solche Errungenschaften [machte], dass sie alle Philosophen ihrer Zeit bei Weitem übertraf« und dass »sie [...] ihren Zuhörern, von denen viele aus der Ferne kamen, um ihre Anweisungen zu erhalten, die Prinzipien der Philosophie [erklärte]« (Übersetzung d. Hg., vgl. Deadkin, 2007).

Die Wissenschaftlerin

Bis heute ist nicht vollständig klar, welche Erfindungen Hypatia tatsächlich zugeschrieben werden können. Sicher ist, dass sie profundes Wissen in allen Disziplinen besaß. Es ist daher zu vermuten, dass sie tatsächlich bedeutende Beiträge lieferte und wissenschaftliche Instrumente entwickelte, dass ihre Leistungen aufgrund der Tatsache, dass sie eine Frau war, aber niemals genügend anerkannt wurden und deshalb nicht in der Geschichte der Wissenschaft auftauchen.

Betrachtet man z.B. Brief 15 von Synesius an Hypatia, so wird deutlich, dass ihm das Wissen Hypatias um das von ihm beschriebene *Hydrometer* (oder *Aräometer*) bewusst ist. Es handelt sich dabei um ein auf dem Archimedischen Prinzip beruhenden Messinstrument, das Hypatia vermutlich mitentwickelt hat. Das Archimedische Prinzip besagt, dass die Auftriebskraft, die auf einen in einer Flüssigkeit befindlichen Körpers wirkt, gleich ist der Gewichtskraft der vom Körper verdrängten Flüssigkeit. Mit solch einem Instrument lässt sich z.B. die relative Dichte von Flüssigkeiten messen.

Auch an der Entwicklung des sogenannten *Astrolabiums* (vgl. Abbildung 1) hat sie vermutlich mitgewirkt. Hierbei handelt es sich um ein astronomisches Messinstrument, das bis in die Mitte des 17. Jahrhundert weit verbreitet war. Es lassen sich mit diesem Instrument z.B. Höhe und Tiefe, die Nordrichtung und die Uhrzeit bestimmen. Um das Prinzip des Astrolabiums zu verstehen, braucht es sowohl astronomisches als auch mathematisches Wissen. Das Wissen um die Projektion der Sterne auf eine imaginäre Himmelsphäre unter Berücksichtigung der Ekliptik sowie die Idee einer stereografischen Projektion sind hier wichtig. Letztere ist eine mathematische Konstruktion, die es ermöglicht, die Oberfläche einer Sphäre (die Krümmung besitzt) auf einer Ebene darzustellen – wir kennen diese Projektion z.B. von Karten der Erdkugel.

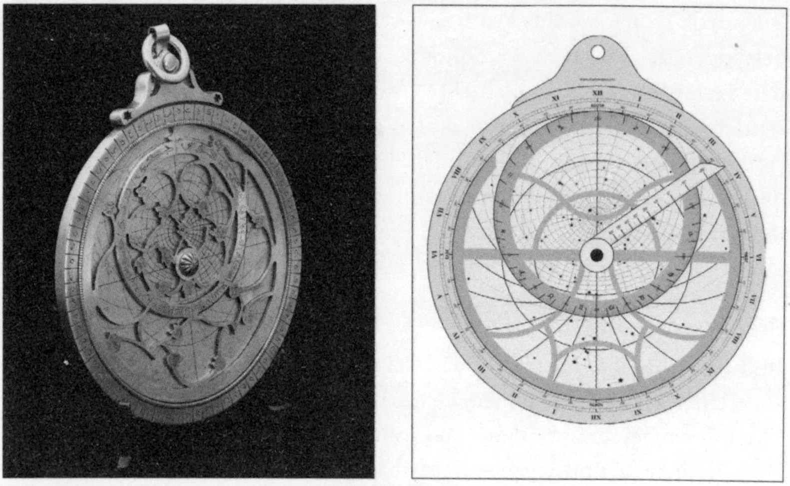

Abbildung 1: Astrolabium (Foto links) und Funktionsweise (rechts)

Die Lehrerin

Neben der Entwicklung von Messinstrumenten war Hypatia als Autorin von sogenannten *Kommentaren* tätig. Man kann sich einen Kommentar heute wie ein Lehrbuch vorstellen, in dem die Originalarbeiten besprochen und erklärt werden. Wir wissen, dass Hypatia Kommentare zu Diophantos *Arithmetica*, zu Apollonios *Kegelschnitten* und zum *Almagest* verfasste. Bei der *Arithmetica* handelt es sich um eine Serie von 13 Büchern, die ca. 250 n. Chr. von Diophantos verfasst wurde und die ersten bekannten algebraischen Notationen beinhaltet. Beispiele (in heutige mathematische Sprache übersetzt) sind z.B. die Gleichung $x^n+y^n=z^n$, wobei n=1,2,3,4... sein kann und x,y,z Unbekannte sind. Man kennt den Fall n=2 aus der Schule als den Satz des Pythagoras. Für n größer als 2 stellte der berühmte Mathematiker Fermat im Jahr 1637 das Theorem auf, dass diese Gleichung niemals erfüllt sein kann, wenn x,y,z positiv und ganzzahlig sind. Dieses berühmte Theorem wurde erst im Jahre 1995 vollständig bewiesen. Hier zeigt sich, welchen Einfluss die *Arithmetica* auf die Mathematik hatte und bis heute hat.

Auch das von Apollonios von Perga im Jahr 200 v. Chr. verfasste und acht Bücher umspannende Werk ist bis heute von großer Bedeutung. Es bespricht in 387 Aussagen die Geometrie von *Kegelschnitten* und findet z.B.

in der von Isaac Newton im Jahr 1687 hergeleiteten Planetenbewegung eine Anwendung.[1*] Auch der *Almagest* war bis ins 17. Jahrhundert ein wichtiges Werk für Astronomen. Von Claudius Ptolemäus ca. 150 n. Chr. verfasst, enthält es 13 Bücher, in denen die scheinbare Bewegung der Planeten und Sterne diskutiert wird. Hypatia kannte alle diese bedeutenden Werke und vermittelte diese ihren Schülern, ein nicht zu unterschätzender Beitrag zur Erhaltung und Weitergabe des Wissens der Antike.

Die Philosophin

Leider wissen wir nicht annähernd so viel über Hypatias philosophische Beiträge wie über ihre wissenschaftlichen. Das liegt sowohl daran, dass der philosophische Austausch zur Zeit Hypatias vor allem durch Diskussionen stattfand und weniger durch Niederschriften (so wie heute), aber auch daran, dass Philosophie vor allem bei den Neuplatonisten, zu denen Hypatia zählte, nicht allein als theoretische Disziplin gesehen wurde, sondern direkt auf Politik und Gesellschaft einwirkte. Hier entfernte sich die neuplatonische Schule deutlich von den ursprünglichen Theorien Platons, der vor allem an der abstrakten Idee an sich interessiert war. Die neuplatonische Schule wurde im 3. Jahrhundert in Rom durch den Philosophen Plotin gegründet. In seiner Neuauslegung von Platons Schriften finden sich deutliche Spuren der Auseinandersetzung der griechischen Philosophie mit dem immer populärer werdenden Christentum. So findet sich z.B. im Neuplatonismus die Idee, alles auf ›das Eine‹ zurückzuführen, eine Form des Monismus, die sich im Christentum in der Form eines Monotheismus, also der Lehre von einem Gott, wiederfindet.

Ihr Tod

Hypatia ist sicherlich auch deswegen so berühmt, weil sie im Jahr 415 n. Chr. von einer Gruppe fanatischer Christen gelyncht und ermordet wurde. Sie geriet zwischen die Fronten des zivilen Verwalters Alexandrias, Orestes, der wie Hypatia Neoplatonist und toleranter Christ war, und des Bischofs von Alexandria, Cyril, der äußert feindselig gegenüber Nicht-Christen eingestellt war und eine militante zivile Armee von Mönchen befehligte (die Mönche von Nitria) (Berggren, 2009). Zur Zeit von Hypatias Tod gab es Unruhen in Alexandria, die vor allem zwischen der jüdischen und der

* Die hochgestellten Zahlen hier und im Folgenden geben weitere Details zu den naturwissenschaftlich besprochenen Theorien und finden sich im Anhang ab Seite 133.

christlichen Bevölkerung wüteten. Sokrates Scholastikos nannte einen der Gründe für ihre Ermordung »politische Eifersucht«. Einen weiteren Anhaltspunkt lässt sich in der Chronik des koptischen Bischofs Johannes von Nikiu, die im 7. Jahrhundert verfasst wurde, finden. Auch Johannes zeigte wenig Toleranz gegenüber Nicht-Christen und schreibt über Hypatia, dass sie »ständig mit Magie« beschäftigt gewesen sein und »viele Leute mit ihrer satanischen List betört« hätte. Deutlich zu erkennen ist hier die Terminologie, die im Mittelalter oft im Kontext der Hexenprozesse auftauchte, und es ist zu vermuten, dass Hypatia als unabhängige und selbstbewusste Frau mit Misstrauen von den Kirchenoberen betrachtet wurde. Letztendlich lässt sich nicht beweisen, dass der Bischof Cyril die Ermordung Hypatias direkt anordnete, seine Beteiligung ist allerdings höchstwahrscheinlich.

Quellen

Berggren, J.L: *The Life and Death of Hypatia*. Metascience 18, S. 93–97, 2009.

Bernardi, Gabriella: *The unforgotten sisters*, Kapitel 5, Springer, 2016.

Deadkin, Michael: *Hypathia of Alexandri*a, Prometheus Books, Amherst (NY), 2007.

Das Mittelalter: Die Universalgelehrte

Hildegard von Bingen

Es steht außer Frage, dass das Mittelalter für gelehrte Frauen eine äußerst gefährliche Zeit war. Bei einer Suche nach Hildegard von Bingen wird vor allem ihre Lehre zu Kräutern und ihr Leben im Kloster referiert. Hildegards Platz scheint vor allem in der Theologie zu liegen, was besonders im Kontext ihrer Lebens- und Wirkzeit wenig verwunderlich ist. Mit der Veröffentlichung ihrer Schriften, die heute als theoretisch-philosophisches Werk gelesen werden, verwies sie darauf, sie habe diese Bücher unter dem Einfluss von Visionen geschrieben. Gut möglich, dass diese Vorgehensweise als bewusster Schachzug der Sicherung ihrer theologischen Position zu verstehen ist (vgl. Duran, 2014, S. 156).

Das Göttliche und das Irdische sind untrennbar

Tatsächlich stehen ihre Werke allerdings in der klassischen Tradition von Meister Eckart, der als Theologe und Philosoph anerkannt war. Besonders faszinierend ist, dass das, was von Bingen ausgearbeitet hat, tatsächlich schon viele Bezüge zu feministischer Ontologie aufweist. Ihre Visionen behaupten eine starke Verbindung zwischen der spirituellen und der materiellen Welt, eine Zusammenführung, die eher untypisch für eine christliche Perspektive (vgl. ebd. S. 157) und für das Mittelalter als fortschrittlich anzusehen ist.

> »Oh heiliger Geist, du bist die heilige Weise, auf die alles, was im Himmel, auf der Erde und unter der Erde weilt, mit Verbundenheit und Nähe durchdrungen

ist. In dir zeigt sich, wie alles von Verbundenheit geprägt ist« (Uhlheim, Meditations, S. 41, Übersetzung d. Hg.).

Diese Perspektive einer allumfassenden Verbundenheit hielt auch Einzug in ihre wissenschaftlich-empirischen Schriften, in denen sie unterschiedliche Disziplinen (z.B. Medizin und Physik) miteinbezog. Hildegard von Bingens Visionen werden von Kommentator*innen häufig als didaktisch aufgefasst, waren sie doch ihre Möglichkeit, ihr Wissen zu teilen und in einer Form weiterzugeben, die ihr in einem anderen Kontext als Frau im Mittelalter nicht zugänglich gewesen wäre.

In ihrer Autobiografie *Vita* beschrieb sie, wie sie in ein neues Kloster eintrat und die Menschen sie fragten, warum all dieses kostbare Wissen einer »dummen und ungebildeten Frau« offenbart würde, wo es im Kloster doch so viele »gelehrte und mächtige Männer« gäbe (vgl. Newman, 1985, S. 171). Einige Zeitgenossen fragten auch ganz unverhohlen, ob sie von bösen Mächten ergriffen sei. Nichtsdestotrotz ließ sich Hildegard von Bingen nicht davon abbringen, weiterhin Schriften zu veröffentlichen, die uns bis heute den Blick auf eine Wissenschaftlerin ermöglichen, die mit ihrer Konzeption von der Verbindung zwischen dem Göttlichen und dem Irdischen sowie der Frage nach der besonderen Bedeutung und Wertigkeit des Weiblichen wertvolle Perspektiven in den Diskurs eingebracht hat.

Kosmologische Modelle

In ihren Schriften *Scivias* und *Divinorum Operum* entwickelte Hildegard interessante kosmologische Modelle (vgl. Posch, 2012). Sie bauen alle auf dem ›Weltei‹-Modell auf, das im Mittelalter typisch war und weniger die astronomische Ordnung beschrieb als vielmehr den elementaren Aufbau der Welt: das Eigelb symbolisierte die Erde, das Eiweiß das Wasser und die Eierschale den Himmel. In den von ihr angefertigten Schriften finden sich dann auch (vermutlich von ihr selbst) angefertigte Zeichnungen dieser Welten-Modelle (vgl. Abbildung 2).

Im Inneren befindet sich eine Kugel, die aus Luft, Wasser, Erde und Feuer gemacht ist und in die *aer lucidus* (klare Luft) eingebettet ist. Die ovalen Zonen, die diese Kugel umgeben, sind in vier Zonen aufgeteilt (von innen nach außen): die *aer aquosus* (feuchte Luft), *purus aether* (reiner Himmel), *ignis niger* (schwarzes Feuer) und *lucides ignis* (klares Feuer). Die Planeten (Merkur, Venus) und der Mond befinden sich im *aether,* während Hagel

Abbildung 2: Das Weltmodell der Hildegard von Bingen (aus *Scivias*)

und Blitze sich im *ignis niger* finden. Die Planeten Mars, Jupiter, Saturn sowie die Sonne hingegen befinden sich im *lucides ignis.* Jede dieser Zonen hat einen sogenannten *Kardinalswind,* und diese Winde gelten z.B. als Ursache für die Bewegung von Planeten und Sternen. Gleichzeitig beeinflussen diese Winde auch das menschliche Befinden. Dies zeigt wiederum deutlich die oben besprochene Einheit von Göttlichem und Irdischem – alles hängt zusammen und beeinflusst sich. In ihrer Schrift *Divinorum Operum* veränderte Hildegard dieses Modell ein wenig. Es finden sich nun konzentrische Sphären mit der Erde in deren Mittelpunkt (vgl. Singer, 2005). Die geometrische Anordnung lässt vermuten, dass Hildegard die griechische Astronomie (und Mathematik) studiert hatte und hier anwandte. Sie arbeitete also sehr wohl wissenschaftlich in dem Sinne, dass sie vorhandene Literatur las, diese neu interpretierte, eigene Schlüsse zog und diese schließlich publizierte und an folgende Generationen weitergab. Gleichzeitig war sie aber auch Philosophin und begabte Künstlerin.

Neben diesen faszinierenden Tätigkeiten fand Hildegard von Bingen zudem Zeit, sich mit naturheilkundlichen Themen zu beschäftigen und Lieder zu komponieren. Sicherlich war sie das, was wir heute eine Universalgelehrte nennen würden. Trotzdem wurden viele Seiten der Hildegard von Bingen erst sehr spät entdeckt und einige sind vermutlich bis heute unbekannt.

Quellen

Duran, Jane: *Hildegard of Bingen. A feminist ontology*. European Journal for Philosophy of Religion 6: Book Symposium: Richard Swinburne's Mind, Brain, and Free Will, 2014.

Newman, Barbara: *Hildegard of Bingen: Visions and Validation*, in *Church History* 54, S. 163–l75, 1985.

Posch, Helmut: *Das Weltmodell nach der Kosmos-Vision der heiligen Hildegard von Bingen*, https://hildegardvonbingen.info/wp-content/uploads/2015/12/Hildegard-Weltmodell-Web.pdf, 2012.

Singer, Charles: *The visions of Hildegard von Bingen,* Yale Journal of biology and medicine, 78, S. 57–82, 2005.

Das 18. Jahrhundert: Die Modernistinnen

Physikerin: Caroline Herschel

Während sich im Mittelalter die wissenschaftliche Bildung und Tätigkeit von Frauen vor allem in Klöstern abspielte (siehe Beispiel Hildegard von Bingen), änderte sich dies langsam zu Beginn der Neuzeit und im Laufe der Aufklärung. Vom 12. bis 15. Jahrhundert wurden die ersten Universitäten Europas gegründet, diese waren jedoch bis ins späte 19. Jahrhundert (z.B. Schweiz, England, Frankreich) bzw. bis ins frühe 20. Jahrhundert (z.B. Gebiet des heutigen Deutschlands) offiziell nur für männliche Studenten zugänglich. Frauen, die wissenschaftliches Interesse und Begabung für die Forschung besaßen, hatten keine Möglichkeit, eine Karriere an Universitäten zu verfolgen oder gar in die elitären Kreise von wissenschaftlichen Akademien aufgenommen zu werden. Sie erhielten nur eine schulische Grundausbildung, die oft auf das Vermitteln von häuslichen Tätigkeiten fokussiert war.

Caroline Lucretia Herschel, die am 16. März 1750 in Hannover (damals Teil Großbritanniens) geboren wurde, ist ein Beispiel einer solch hochbegabten Frau, die auch später oft als »reine Beobachterin« (vgl. Kaiser, 2018, S. 41) und nicht als Wissenschaftlerin bezeichnet wurde. Aufgrund von Erkrankungen im Kindesalter (Pocken im Alter von drei Jahren und Typhus im Alter von elf Jahren) wurde Carolines Erscheinungsbild dermaßen verändert, dass ihre Eltern die Möglichkeit einer späteren Heirat ihrer Tochter für unwahrscheinlich hielten (vgl. Olson et al., 2012). Vermutlich führte dies zu dem großen Ehrgeiz, den Caroline Zeit ihres Lebens an den Tag legte. Als ihr älterer Bruder William sie im Jahre 1772 nach Bath (England) kommen ließ, war ihr Ziel zunächst, wie ihr Bruder Musikerin zu werden. Sie bewies großen Fleiß und Talent für diese Karriere, trat mit ihrem Bruder mehrfach in Bath auf und führte zusätzlich den Haushalt ihres Bruders. Dies ließ William die Zeit, sich seiner anderen Leidenschaft, der Astronomie, zu widmen. Im sogenannten »goldenen Zeitalter der britischen Astronomie« (ebd.), die einerseits aus dem Stolz über die revolutionären Entwicklungen des Landsmannes Isaac Newton und andererseits aus der Vorstellung von Astronomie als Teil der religiösen und moralischen Ausbildung resultierte, fand sich eine große Anzahl von Hobby-Astronomen in England. William und Caroline, die ihre Musikkarriere aufgab, um ihrem Bruder zu assistieren, stellten in Zusammenarbeit hochauflösende Spiegelteleskope[2] her, die es William im Jahre 1781 erlaubten, den Planeten Uranus zu entdecken.

Daraufhin wurde er von König George III. zum ›Royal Astronomer‹ berufen und Caroline folgte ihrem Bruder 1782 nach Slough in die Nähe des Schlosses von Windsor. Während der folgenden Jahre beobachtete und katalogisierte sie zusammen mit ihrem Bruder etwa 500 neue sogenannte ›Nebel‹, d.h. leuchtende und ausgedehnt erscheinende Objekte auf der Himmelskugel. Erst ab dem Jahre 1787 erhielt Caroline für ihre Arbeit ein Gehalt und war somit die erste Frau, die für ihre wissenschaftliche Arbeit bezahlt wurde. Allerdings wurden ihr als Assistentin ihres Bruders mit 50 britischen Pfund pro Jahr nur etwa ein Sechstel des Gehalts ihres Bruders zugestanden. Nach der Heirat Williams im Jahre 1788 verließ Caroline den gemeinsamen Haushalt und besaß keinen ständigen Zugang zum Teleskop und dem Arbeitszimmer im Haus ihres Bruders mehr. Trotzdem machte sie weiterhin bedeutende Beobachtungen – auch ohne ihren Bruder. Wie sehr ihr Lebensweg von dem ihres Bruders bestimmt wurde, zeigte sich auch, als dieser im Jahre 1822 verstarb. Caroline kehrte im selben Jahr nach Hannover zurück und lebte dort bis zu ihrem Tod am 9. Januar 1848.

Entdeckung von Kometen

Nach dem Umzug ins ländliche Berkshire begann Caroline mit eigenständigen Beobachtungen. Diese führten dazu, dass sie am 1. August 1786 ihren ersten Kometen beobachtete. Kometen sind Objekte im Sonnensystem (vgl. Abbildung 3), die Ausdehnungen von einigen Kilometern besitzen und hauptsächlich aus Gestein, Staub, gefrorenem Methan, Ammoniak

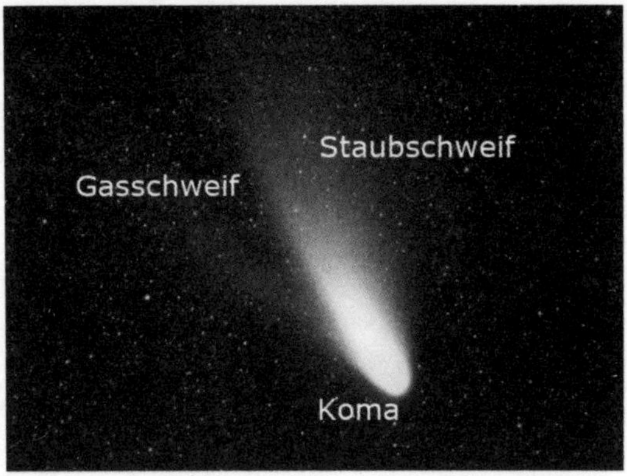

Abbildung 3: Typischer Aufbau eines Kometen (hier: des Kometen Hale-Bopp)

und Wasser bestehen. Da sie selber keine Strahlung aussenden, werden sie erst sichtbar, wenn sie sich auf ihrer Umlaufbahn der Sonne nähern. Dort werden das gefrorene Wasser, Methan und Ammoniak gasförmig und erzeugen eine sogenannte ›Koma‹ – eine atmosphären-ähnliche Struktur um den Kern des Kometen sowie einen aus Gas und Staub bestehenden Schweif, der durch Solarwinde erzeugt wird und der wohl der am besten mit dem bloßen Auge sichtbare Teil eines Kometen ist.

Zur damaligen Zeit war die Zusammensetzung dieser Himmelskörper noch nicht bekannt, allerdings findet sich in einem ihrer Notizbücher des Jahres 1811 bereits eine von Caroline angefertigte Skizze zur Struktur eines Kometen (ebd.). Am 21. Dezember 1788 entdeckte sie ihren zweiten Kometen, der nach ihr ›Herschel-Rigollet‹ benannt wurde. Anders als der im Jahre 1786 entdeckte Komet ist dieser alle 155 Jahre von der Erde aus beobachtbar, kehrt also periodisch wieder. Massive Objekte können sich nämlich auf qualitativ unterschiedlichen Bahnen um die Sonne bewegen: entweder auf geschlossenen, elliptischen Bahnen (wie die Planeten im Sonnensystem) oder auf offenen, nicht-periodischen (hyperbolischen oder parabolischen) Orbits. Herschel-Rigollet bewegt sich auf einer elliptischen Bahn um die Sonne, wobei er sich an seinem sonnennächsten Punkt (dem sogenannten Perihelion) bis auf 74 % einer astronomischen Einheit (eine astronomische Einheit entspricht der mittleren Entfernung zwischen Sonne und Erde) der Sonne nähert, während er sich auf seinem sonnenfernsten Punkt (dem sogenannten Aphel) bis auf das fast 57-fache einer astronomischen Einheit von der Sonne entfernt.

Caroline Herschel entdeckte im Laufe ihrer Beobachtungen insgesamt acht Kometen, von denen sechs nicht-wiederkehrende Kometen sind. Außerdem beobachtete sie auch unabhängig von ihrem Bruder weiterhin Nebel, die sich später als Sternhaufen, d.h. als eine große Anhäufung von Sternen bzw. Galaxien herausstellten[3]. Zwei dieser Sternhaufen werden bis heute als ›Carolines Rose‹ (Sternhaufen mit der astronomischen Bezeichnung NGC 7789) und ›Carolines Cluster‹ (Sternhaufen NGC 2360) bezeichnet. Nach dem Tod ihres Bruders arbeitete sie zusammen mit dessen Sohn John an einem Katalog, dem *New General Catalogue* (NGC), der – wie die astronomischen Bezeichnungen deutlich machen – bis heute in Gebrauch ist.

Caroline war nicht nur die erste Frau, die für ihre wissenschaftliche Arbeit bezahlt wurde, sondern auch die erste Frau, die in dem hoch angesehen Journal *Philosophical Transactions of the Royal Society* ihre Arbeit veröffentlichte (vgl. Herschel, 1787 & 1794). Sie erhielt als erste Frau die Goldmedaille der Royal Astronomical Society (im Jahre 1828) sowie die Goldmedaille für Wissenschaft des preußischen Königs (im Jahre 1846). Zudem wurde sie zum Ehrenmitglied der Royal Astronomical Society (im Jahre 1835) und der Royal Irish Academy (im Jahre 1838) gewählt.

Der Lebensweg von Caroline zeigt deutlich, mit welchen Problemen Frauen des 18. Jahrhunderts konfrontiert waren, vor allem, wenn sie – wie Caroline – aus einfachen bürgerlichen Verhältnissen stammten. Es blieb diesen Frauen nur die Möglichkeit einer Eheschließung oder – wenn dies nicht in Betracht kam – als Bedienstete für ihren Lebensunterhalt zu sorgen. Ersteres schien für Caroline unmöglich und so folgte sie ihrem Bruder und führte für diesen bis zu dessen Heirat seinen Haushalt. Sie zeigte dabei solchen Ehrgeiz, dass sie neben dieser sicherlich anstrengenden Tätigkeit noch Zeit fand, sich sowohl zunächst als Musikerin und dann später als Astronomin zu profilieren. Trotzdem stand sie immer im Schatten ihres Bruders und wurde nie als gleichwertige Partnerin in der wissenschaftlichen Kollaboration zwischen den Geschwistern angesehen, selbst von William nicht. Außerdem stellt sich anhand des Beispiels von Caroline Herschel die Frage, was tatsächlich einen Wissenschaftler/eine Wissenschaftlerin ausmacht, denn Caroline hat im Laufe ihres Lebens sicherlich wissenschaftliche Leistungen erbracht, die der ihres Bruders ebenbürtig sind.

Philosophin: Émilie du Châtelet

Émilie du Châtelets Leben war von der unstillbaren Sehnsucht nach Wissen bestimmt. Als junge Frau aus einer Adelsfamilie entschied sie sich, mit Voltaire, der im Frankreich des 18. Jahrhunderts als berühmteste Person neben dem König galt, aufs Land zu ziehen und mit ihm gemeinsam an seinen Untersuchungen und Theorien zu arbeiten. Was die beiden verband, war eine lebenslange Freundschaft, die auch das gemeinsame Arbeiten umfasste. Um von ihm zu lernen, gab sie ihr wohlbehütetes adliges Leben auf und suchte nach Möglichkeiten, sich weiterzubilden. In den 1730er- und 1740er-Jahren galt sie als eine der einflussreichsten und meist diskutiertesten Philosophinnen ihrer Zeit, dabei war sie nicht nur für ihre eigenen Werke, sondern vor allem für die Übersetzungen von bedeutenden Werken wie z.B. der *Philosophiae Naturalis Principia Mathematica* von Isaac Newton ins Französische bekannt. In aktuelleren Studien wird von du Châtelet als Philosophin der Aufklärung gesprochen – ebenbürtig mit Immanuel Kant, der von ihren Werken nachweislich beeinflusst war (vgl. Hagengruber 6). Um sich als Philosoph(in) zu positionieren, reichte du Châtelet ihre Forschung selbstständig bei der Akademie der Wissenschaften ein. Ihre Familie unterhielt zwar gute Beziehung zur Akademie und hatte schon vielen Wissenschaftlern der Zeit zu Anstellungen verholfen. Allerdings schaffte du Châtelet den Sprung in die wissenschaftliche Gemeinschaft im ›Alleingang‹, also ohne die Hilfe ihrer Familie. Unzufrieden mit der Theorie Voltaires kritisiert sie nicht nur ihn, sondern auch seine Position zu Newton, die jener in einer der zentralen Übersetzungen des Newton'schen Werkes mit dem Namen *Eléments de la philosophie de Newton* vertrat. Voltaire erkannte ihre Kritik und ihre außerordentlichen Leistungen bei der Erstellung der Übersetzung an und nannte sie sogar *Emilia Newtonmania*. Obwohl Émilie du Châtelet in vieler Hinsicht großes Ansehen genoss, stellt sich auch angesichts ihres Lebensweges die Frage, warum ihre Beiträge zur klassischen Philosophie heute nur einen sehr geringen Stellenwert und Bekanntheitsgrad aufweisen.

Vom Glück

Du Châtelets Werk umspannt verschiedene philosophische Denkströmungen und Themen: Ethik und Politik, Naturphilosophie, Metaphysik, Physik, Sprache und Religion.

> »Um glücklich zu sein, muss man sich seiner Vorurteile entledigen, man muss tugendhaft und gesund sein, Geschmack und Leidenschaften haben und seine Illusionen behalten« (du Châtelet 2019, S. 44).

Mit diesem Zitat lässt sich das Konzept der Aufklärerin leicht verstehen. Der Mensch könne nur dann glücklich werden, wenn er stets die »Fäden der Vernunft in den eigenen Händen halte« (vgl. du Châtelet 2019, 45). Glücklich sein bedeutet also, vernünftig zu sein und zwar – dem Kant'schen Ideal folgend – in dem Sinne, sich des eigenen Verstandes bedienen zu können. Was du Châtelet hier als Bedingungen für das Vernunft-Glück beschreibt, lässt sich aus den Idealen der Aufklärung ableiten: »[S]ich seiner Vorurteile entledigen« bedeutet, dass, wo die Vernunft ist, kein Platz für Vorurteile ist, die aus einer kleinlichen gesellschaftlichen Differenzperspektive entspringen. Die vorurteilsfreie Vernunft gibt keine Regeln des Handelns vor, empfiehlt nicht, sondern verpflichtet den Menschen selbst, seine Handlungen kontinuierlich zu hinterfragen. Betrachten wir du Châtelets Verbindung zu Voltaire, so würde ein vorurteilsfreies Leben für sie bedeutet haben, mit Voltaire zu arbeiten, sich auf seine Haltung einzulassen – obwohl beide aus unterschiedlichen Schichten kamen. Hier widerspricht du Châtelet einem Vorurteil ihrer Zeit, nämlich dem, dass ›adlige Frauen keine Bildung brauchen‹. Die Tugendhaftigkeit, die du Châtelet anspricht, spiegelt die Tugendlehre Kants wider, bedeutet, das zu tun, was richtig ist. Auch hier geht es um eine Reflexion der eigenen Handlung. In du Châtelets Fall mündet sie in der Entscheidung für die Bildung und gegen die Konventionen. Die Gesundheit von Körper und Geist ermöglicht, eine derartige Entscheidungen für sich selbst und unabhängig von anderen treffen zu können. Irritierend mag auf den ersten Blick die Verwendung des Begriffs »Geschmack« erscheinen. Du Châtelet meint hiermit das Wissen um das eigene Begehren, die Beschäftigung mit den eigenen Vorlieben und das Sammeln neuer Erfahrungen. Leidenschaften hingegen, die im Zitat vom Geschmack getrennt werden (denn sie sind mehr als das), können wir uns – laut du Châtelet – nicht aussuchen. Und folglich können wir uns auch nicht dazu zwingen, passioniert zu sein. Für du Châtelet gehörten Philosophie und Physik genauso zu ihren Leidenschaften wie Musik und Metaphysik. Die Illusionen, die du Châtelet anspricht, zeigen hier einen Ausblick: zum Glück gehört auch das Offensein für Neues, für das Ungewisse. So beschreibt sie die Kunst und das Theater als Orte der Illusion, die eine metaphysische Magie ansprechen, die die Ermöglichungsräume des Menschen erweitern können.

Frauen in der Gesellschaft und Wissenschaft

Du Châtelet lebte in einer Zeit, in der Frauen aufgrund ihres Geschlechts keine Rolle in Wissenschaft und Politik zugesprochen wurde. Ebenso hatten die meisten Frauen im 18. Jahrhundert keinen Zugang zur Bildung. Dass selbst eine adlige Frau mit den besten finanziellen Voraussetzungen keine Bildungsinstitution besuchen konnte, sondern den Umweg über die Bekanntschaft mit einem männlichen Wissenschaftler machen musste, ist empörend.

Im »Discourse of happiness« widmet sich du Châtelet genau diesem Thema. Die Vorurteile gegenüber Frauen sind für sie der Grund dafür, dass Frauen von Bildungsinstitutionen ausgeschlossen werden und ihr wissenschaftliches und gesellschaftliches Voranschreiten bewusst verhindert wird. Du Châtelet beschreibt, dass viele Frauen aufgrund mangelnder Bildung ihre Talente gar nicht kennen und aufgrund der Blockaden der Institutionen ihren Mut verlieren, ihre Meinungen überhaupt in die Welt zu tragen. Du Châtelet schreibt:

> »Lassen Sie uns kurz darüber nachdenken, warum seit so vielen Jahrhunderten keine gute Tragödie, kein gutes Gedicht, keine angesehene Geschichte, kein schönes Gemälde, kein gutes Buch der Physik aus den Händen von Frauen stammt. Warum scheinen diese Geschöpfe, deren Verstand in allen Dingen dem der Männer ebenbürtig zu sein scheint, trotzdem von einer unbesiegbaren Kraft daran gehindert zu werden, solch eine Hürde zu nehmen; falls irgendjemand irgendeine Erklärung dafür haben sollte, soll er mir sie gerne zukommen lassen … Was mich betrifft, bekenne ich, dass ich, wenn ich König wäre, […] Frauen alle Rechte des Menschseins würde zukommen lassen, und vor allem jene des Geis-

tes. Frauen scheinen geboren zu sein, um zu täuschen, und ihrer Seele ist es nur spärlich erlaubt, sich anders zu betätigen.
Ich bin davon überzeugt, dass viele Frauen ihre Talente entweder aufgrund von Bildungsmängeln nicht kennen oder sie aus Vorurteilen und mangelndem Mut begraben. Was ich selbst erlebt habe, bestätigt mich in dieser Meinung. […] Ich schätze mich glücklich, seit der Mitte meines Lebens auf die belanglosen Dinge verzichtet zu haben, die die meisten Frauen ihr ganzes Leben lang beschäftigen, und möchte die verbleibende Zeit nutzen, um meine Seele zu kultivieren […]« (vgl. Detlefsen, 2021, S. 47, Übersetzung d. Hg.).

In diesem Absatz werden die Vorurteile, die so viele talentierte Frauen aus du Châtelets Zeit daran hindern, ihre Talente zu nutzen, verdeutlicht. Du Châtelet zeigt auf, dass es die Institutionen und nicht etwa einzelne Personen (Eltern, Geschwister oder Verwandte) sind, die den Weg der Frauen behindern, und dass es sich hierbei um ein strukturelles gesellschaftliches Problem handelt, in dem du Châtelet nur ein fundamentales kollektives Versagen erkennen kann.

Freiheitsdenken

Als Denkerin der Aufklärung kommt dem Begriff der Freiheit bei du Châtelet eine zentrale Rolle zu. In ihrem Essay »On Freedom« wird deutlich, wie sie ihren Freiheitsbegriff entwickelt und welche Verbindungen sich zu anderen Theorien erkennen lassen. Zu Beginn der Auseinandersetzung liegt der Fokus besonders auf der Freiheit des Denkens, die sich bei Descartes, aber auch bei Kant finden lässt. Hier zeigt sich das Ideal eines aufgeklärten Menschen, der sich nicht mehr fraglos von Institutionen – Staat oder Kirche – leiten lässt. Es wird allerdings auch deutlich, dass die vorgestellte Freiheit – zu denken oder nicht zu denken, sich zu bewegen oder es zu unterlassen – immer Grenzen hat, dass gleichzeitig unkontrollierbare körpereigene Abläufe stattfinden – wie die Bewegung des Blutes oder das Atmen. Hier zeigt sich eine Begrenzung der Freiheit – eine Determination (vgl. du Châtelet 4). Auf der anderen Seite stellt sich du Châtelet den Geist als vollkommen frei vor. Unsere Aufgabe besteht nun laut du Châtelet darin, das Außen zu reflektieren und unseren Platz in der Welt zu finden. Gleichzeitig sind wir Menschen in unserer Lebenserfahrung auch davon geprägt, wie wir die Welt verstehen und welche Urteile wir uns über sie bilden. Dieser Prozess ist besonders entscheidend, wenn es um die Rolle der Frauen in der Gesellschaft und den Wissenschaften geht.

Hier stellt sich die Frage, wie Frauen aus du Châtelets Zeit ihre Talente entdecken und sich jenseits der gesellschaftlichen Konventionen eine Form von Freiheit eröffnen konnten.

Gemeinsamkeiten

Auch wenn sich Caroline Herschel und Emilie du Châtelet aufgrund ihrer knapp unterschiedlichen Lebenszeiten, (du Châtelet starb 1749, Herschel wurde 1750 geboren), nicht kannten, hätten beide aufgrund du Châtelets Herkunft und Bezug zur adligen Gesellschaft und Herschels Engagement am englischen Hof gemeinsame Kontakte haben können und in diesem Fall wäre eine Begegnung durchaus denkbar gewesen. Auch ihre Bekanntschaft mit dem Philosophen Immanuel Kant hätte ein Bindeglied zwischen den Geschichten beider Wissenschaftlerinnen sein können.

Auch wenn die Lebensbedingungen beider Wissenschaftlerinnen sehr unterschiedlich waren, war ihnen die Liebe zur Wissenschaft und vor allem zu den Naturwissenschaften gemein. Die Bedeutung, die Émilie der Möglichkeit zuschreibt, dass Frauen ihre Talente entdecken und ausdrücken können, exemplifiziert sich an der Geschichte von Caroline, die auf vieles verzichten musste, um die Karriere ihres Bruders zu unterstützen, bis es ihr schließlich gelang, ihren eigenen Weg zu gehen. Die Möglichkeit, wissenschaftlich tätig zu sein, war für beide ein wesentlicher Kern ihrer Lebenspraxis.

Sicherlich hätten sich Caroline und Émilie über Physik und Astronomie unterhalten. Émilie übersetzte die *Philosophiae Naturalis Principia Mathematica* ins Französisch. Dieses im Jahre 1687 vom englischen Physiker Isaac Newton (ursprünglich auf Latein) verfasste Werk gilt bis heute als eine der wichtigsten Abhandlungen der Wissenschaft und beinhaltet unter anderem Newtons Beschreibung der Gravitation, die er als universelle Kraft erkannte. Die Gravitationskraft ist nicht nur dafür verantwortlich, dass der berühmte Apfel zu Boden fällt, sondern sie bestimmt auch die Bewegung der Planeten auf ihren Bahnen um die Sonne. Sicherlich besaß Émilie ein profundes Wissen und Verständnis der Newton'schen Physik und war sich der Beschreibung der möglichen Bahnen von Objekten im Gravitationsfeld der Sonne bewusst. Caroline wiederum beobachtete Kometen, die sich auf solchen Bahnen bewegten und kannte sicherlich auch die Schriften Newtons, zumal sie im 18. Jahrhundert in Großbritannien lebte.

Hier könnte man sich nicht nur einen Austausch, sondern tatsächlich eine Art Kollaboration zwischen den beiden Frauen vorstellen. Beide wurden schließlich im 1815 von Jerôme de Lalande veröffentlichten *Ladies' Astronomy* als bedeutende Astronominnen benannt.

Zu vermuten ist auch, dass Caroline die Schriften Émilies kannte, zumal auch sie im Umfeld eines Königshauses (in diesem Falle des englischen) lebte.

Quellen

Brock, Claire: *The comet sweeper: Caroline Herschel's Astronomical Ambition*, Icon Books Ltd., 2007.

Detelfsen, Karin: *Émilie Du Châtelet. Feminism. Epistemology and Natural Philosophy*. In: The Routledge Handbook of Feminist Philosophy of Science herausgegeben von Sharon Crasnow, Kristen Intemann. Routledge: New York, 2021.

Du Châtelet, Émilie: *On Freedom. »Sur la liberté«*, in: Œuvres complètes de Voltaire, Ausgabe 14, überarbeitet von William H. Barber, 484–502. Oxford: Voltaire Foundation, 1989.

Du Châtelet, Émilie: *Rede vom Glück. Discours sur le bonheur*. Friedenauer Presse: Berlin, 2019.

Herschel, Caroline: *An account of a New Comet*, Philosophical Transactions of the Royal Society, 1787.

Herschel, Caroline: *An account of the discovery of a comet*, Philosophical Transactions of the Royal Society, 1794.

Olson, Roberta J. M./Pasachoff, Jay M.: *The Comets of Caroline Herschel (1750–1848)*, Sleuth of the Skies at Slough, Culture and Cosmos, Ausgabe 16, Nummer 1 und 2, 2012.

Das 19. Jahrhundert: Die Uni-Pionierinnen

Philosophin: Anna Tumarkin

Anna Tumarkin wurde 1908 als erste Frau in Europa auf eine Professur für Philosophie berufen (vgl. Gitta, 2011, S. 11). Aus den Geschichtsbüchern und historischen Dokumenten der akademischen Philosophie ist jedoch nicht nur ihr Name, sondern auch die Mehrheit ihrer Werke vollständig verschwunden. Begeben wir uns auf Spurensuche.

Während von anderen Philosophinnen zunehmend Briefwechsel oder Biografien zu finden sind, ist Tumarkin unauffindbar. Dabei ist sie aus philosophischer wie auch aus historischer Perspektive und im Kontext feministischer Frauenrechte eine Vorbildfigur.

Tumarklins Leben war von Beginn an von Wissensdurst geprägt. Schon in ihrer Zeit an einem schweizerischen Mädchengymnasium tat sie sich durch ihre besondere Lernbereitschaft hervor (vgl. ebd.). Tumarkin erlebte früh die Restriktionen, denen Frauen an der Universität zu ihrer Zeit ausgesetzt waren. Tumarkin wuchs in Russland auf und dies zu einer Zeit, in der es für Frauen dort noch nicht möglich war zu studieren. Um ihrer Sehnsucht nach Wissen nachzukommen, emigrierte sie in die Schweiz, wo sie bei Ludwig Stein studierte. Das Studium nutzte sie auch dazu, sich mit anderen (noch immer wenigen) Studentinnen zu verbinden und regen Austausch mit ihnen zu suchen (vgl. ebd. S. 23). Mit dem Studium der Philosophie, der Germanistik und der Geschichte kam das Interesse an Ästhetik, Hermeneutik und Psychologie (vgl. ebd. S. 24). Neben ihren akademischen Aktivitäten setzte sie sich für das Frauenwahlrecht ein und unterstützte politische und aktivistische Gruppen. Sie beschäftigte sich in Schriften wie *Ein Blick in das Geistesleben der Schweizer Frauen* und *Das Stimmrecht der Frauen* mit der Position von Frauen in der Schweizer Gesellschaft (vgl. ebd. S. 41). Diese Werke sind leider bis zum heutigen Tage unauffindbar (vgl. Falk, 2019, S. 66). Das ist gar nicht so verwunderlich, denn bis heute herrscht in der akademischen Philosophie eine starke Ablehnung gegenüber Theorien und Schriften, die die Diskriminierung von Minderheiten thematisieren. Sich als Professorin für Philosophie offen mit Themen wie gender, race und class auseinanderzusetzen, gilt selbst heute in vielen akademischen Philosophiediskursen als No-Go. Dass Anna Tumarkin Anfang des 20. Jahrhunderts diese Themen aufgriff (vgl. Cornell, 2021 S. 53), zeigt, wie weitgehend ihr Verständnis von den Problematiken ihrer Zeit war und dass sie die Verzahnung zwischen Philosophie und Lebenspraxis nicht nur verstanden hatte, sondern sich für diese auch bewusst einsetzte. Möglicherweise liegt genau hier ein Grund dafür, dass so wenige von ihren Schriften heute noch auffindbar sind. 1905 (während ihres Doktorats) hatte sie erstmals die Gelegenheit, als Dozentin an einer Universität zu arbeiten. In ihren Seminaren beschäftigte sie sich mit einer großen Bandbreite klassischer Philosophen, angefangen bei der Antike (Aristoteles und Platon) bis hin zu den modernen Philosophen. Sie hatte zudem eine besondere Affinität zu den Werken von Herder und Kant. Das Herzstück ihrer Dissertation, die leider heute vergriffen ist und bis jetzt nicht neu aufgelegt wurde, bildete dann auch die theoretische Auseinandersetzung mit diesen Philosophen.

Anna Tumarkin war somit nicht nur die erste Frau, die auf eine Professur für Philosophie berufen wurde, sondern auch die erste Frau in Europa, die

- sich habilitierte,
- Doktorand*innen prüfen durfte,
- im Senat der Universität Bern saß.

Man stellt sich unmittelbar die Frage, warum diese außergewöhnliche Persönlichkeit so wenig bekannt ist und warum sich nicht mehr mit ihren Theorien auseinandergesetzt wird.

Wurde Tumarkin als Philosophin tatsächlich – trotz ihrer Leistungen – vergessen?

Die Tatsachen, dass ihr Werk in der klassischen Philosophie praktisch unauffindbar ist und in der Universität Bern nicht einmal ein Porträt von ihr im zentralen Hörsaal hängt geschweige denn die Universität ihren Namen trägt, lassen dies vermuten.

Interdisziplinarität

Tumarkins Werk fokussiert klassische philosophische Themen, befasst sich aber auch mit gesellschaftskritischen Perspektiven, etwa mit den vorgefundenen Strukturen der wissenschaftlichen Arbeit innerhalb der Schweizerischen Philosophie (vgl. ebd., S. 56).

Dabei bediente sie sich interdisziplinärer Ansätze, um tiefer in einzelne Probleme vordringen zu können. Ihrem Interesse an Psychologie ging sie mit unterschiedlichen Untersuchungen nach. Dabei war eine der zentralen Thesen Tumarkins, dass die akademische Psychologie einer Rückbesinnung bedarf. Dies bedeutete, dass Psychologie mehr sein sollte als eine rein kognitive Wissenschaft. Sie sollte den Zustand des Menschen in den Fokus stellen und die stringenten Kausalitäten ablehnen, derer sich die Psychologie bedient. Tumarkins Ziel war es, Individualität als Kriterium einzuführen und dergestalt Abstand von den damals gängigen normativen Bewertungen psychologischer Zustände zu gewinnen. In dieser differenzierten Perspektive vertrat Tumarkin die Vorstellung, dass die umgebende Kultur und Gesellschaft einen wesentlichen Einfluss auf die psychologische Verfasstheit von Menschen habe und gesellschaftliche Normen das Leben einzelner Menschen nachhaltig beeinflussen können (vgl. ebd. S. 67).

Auch in ihrer wissenschaftlichen Beschäftigung an der Nahtstelle von Ästhetik und Pädagogik war sie ihrer Zeit mitunter weit voraus. So vertrat sie z.B. die These, dass der Mensch sich in einem lebenslangen und niemals abgeschlossenen Werdungsprozess befindet. Gleiches gilt für ihre Analyse der gesellschaftlichen (Bildungs-)Institutionen. Für Tumarkin unterstützen Bildungsinstitutionen den angesprochenen Werdungsprozess des Menschen nicht ausreichend und tragen so zu einem normativen Menschenbild bei, das negative soziale und psychologische Folgen für das Individuum haben kann. Leider sind diese faszinierenden und zukunftsweisenden Ideen nur noch fragmentarisch vorhanden und finden trotz ihrer Aktualität in aktuellen Diskursen keine Beachtung.

Die im Folgenden besprochenen Werke sind nur eine kleine Auswahl des Gesamtwerkes von Tumarkin. Da die meisten ihrer theoretischen Auseinandersetzung unzugänglich sind, sind die beiden folgenden Betrachtungen exemplarisch zu verstehen. Sie repräsentieren aber bei Weitem nicht das Oeuvre, welches der akademischen Philosophie verloren gegangen ist.

Herder und Kant

In ihrer hochgelobten 1895 verfassten und 1896 in den *Berner Studien zur Philosophie und ihrer Geschichte*, Band 1 veröffentlichten Dissertationsschrift »Herder und Kant« beschäftigte sich Tumarkin mit dem Verhältnis der Weltanschauungen Immanuel Kants und Johann Gottfried Herders. Sie formuliert darin nicht nur die theoretischen Bezüge zwischen beiden Philosophen, sondern geht auch den persönlichen Verbindungen der beiden nach. Die Vorgehensweise, nicht nur theoretische Verbindungslinien aufzuzeigen, sondern dies auch mit der persönlichen Entwicklungsgeschichte zu verbinden, ist damals wie heute ein stark kritisierter Ansatz. Doch solche komplizierten Lehrer-Schüler-Beziehungen – inklusive der Idealisierung des Professors (in diesem Fall Kant) durch den*die Student*in (in diesem Fall Hegel), der*die sich während des Studiums nicht traut, das großes Idol zu kritisieren – lassen sich bis heute in der akademischen Philosophie vorfinden. Idealisierung auf der einen und Machtdemonstrationen auf der anderen Seite sind an Universitäten nach wie vor vertreten. Tumarkin zeichnet in ihrer Dissertation diese Verstrickungen und die Bemühungen Herders um eine eigene wissenschaftliche Positionierung wie auch die Entwicklung der theoretischen und persönlichen Beziehung zwischen Herder und Kant nach und zeigt die Entstehung ihres späteren Zerwürfnisses auf (vgl. Jánoska, 2007, S. 152).

Wesen und Werden der Schweizerischen Philosophie

Tumarkin, die in der Schweiz die Möglichkeit hatte, zu studieren und ihre beruflichen Pläne zu verfolgen, erkennt ziemlich schnell die Probleme der akademischen Philosophie vor Ort. Sie entdeckt einen Zusammenhang zwischen der schweizerischen Beschäftigung mit Philosophie im akademischen Kontext und ihrem Einfluss auf die Entwicklung des schweizerischen Bildungssystems (vgl. Gitta, 2011, S. 47). Was Tumarkin beschäftigt, ist, dass die akademische Auseinandersetzung mit Philosophie nicht (genügend) zur Abstraktion gesellschaftlicher und struktureller Probleme genutzt wird. Der Verzicht auf die Ressource, die Philosophie sein könnte, wird von Tumarkin als zentrales Problem betrachtet (vgl. ebd.). Sie versteht die

Aufgabe der Philosophie auch darin, die Gesellschaft zu hinterfragen und so zu einer Weiterentwicklung beizutragen. Diese Weiterentwicklung ist für Tumarkin besonders hinsichtlich der Entwicklung des Bildungssystems von zentralem Interesse.

Werfen wir einen Blick in einen Auszug aus einem der wenigen erhaltenen Texte, finden wir z.B. diese kleine Notiz, die Tumarkin in ihrem Tagebuch im Jahr 1911 niederschrieb:

> »Leidenschaft in alterslosen Augen, leidenschaftliche Unterhaltungen und leidenschaftliches Zuhören – Freude, Ungeduld und Leidenschaft in beidem, das ist, was Philosophieren bedeutet, das ist, was es bedeutet, das Leben eines Philosophen zu führen (vgl. Jánoska, 2007, S. 154, Übersetzung d. Hg.).

Tumarkins Vorstellung von Philosophie war eng mit Leidenschaft verbunden, die sich nicht nur in der Theorie, sondern auch im alltäglichen Leben finden sollte. Ihrem Verständnis nach erschöpft sich Philosophie nicht in der akademischen Auseinandersetzung, sondern ist vielmehr ein lebensumfassender Auftrag, dem Tumarkin mit großer Leidenschaft nachgekommen ist.

Physikerin: Emmy Noether

Im Zuge der revolutionären Bewegungen Europas zur Mitte des 19. Jahrhunderts wurden die Forderungen nach Gleichberechtigung von Frauen und deren Teilnahme am öffentlichen Leben lauter. Diese heute oft als ›Erste Welle der Frauenbewegung‹ bezeichnete Epoche hatte einen entscheidenden Einfluss auf die Bildungschancen von Mädchen und Frauen.

Amalie Emmy Noether, die am 23. März 1882 in Erlangen (Bayern) als Tochter eines Mathematikprofessors geboren wurde, eröffnete sich damit zu Beginn des 20. Jahrhunderts die Chance, an der Universität Erlangen zu studieren und dort im Jahre 1907 in Mathematik zu promovieren (vgl. Noether, 1908). Deutsche Universitäten des späten 19. und frühen 20. Jahrhunderts hatten das Recht, akademische Titel zu verleihen, und besaßen nach wie vor enge Verbindungen zu kirchlichen Institutionen. Dem Humboldt'schen Bildungsideal von der Einheit der Forschung und Lehre sowie akademischer Freiheit folgend, interagierten alle akademischen Disziplinen miteinander. Die Philosophie stellte dabei typischerweise eine der vier universitären Fakultäten dar (neben Jura, Medizin und Theologie), zu der z.B. auch die Naturwissenschaften und die Mathematik gehörten. Auch hier zeigt sich nach wie vor deutlich eine enge Verknüpfung von Philosophie und Physik, die erst zu Beginn des 20. Jahrhunderts langsam aufgelöst wurde (vgl. Rüegg, 2004).

Viele europäische Universitäten konzentrierten sich zu dieser Zeit zunehmend auf die Forschung und die Universität Göttingen, an der Emmy Noether im April 1915 auf Einladung von David Hilbert und Felix Klein zu arbeiten begann, war sicherlich ein Musterbeispiel einer erfolgreichen Forschungsuniversität, vor allem im Bereich der Mathematik und der Naturwissenschaften. Neben drei Nobelpreisen in Chemie (1910, 1925 und 1928) waren auch der Physik-Nobelpreisträger James Franck (1925) sowie der zukünftige Physik-Nobelpreisträger Max Born (1954) zwischen den beiden Weltkriegen Professoren in Göttingen (vgl. Mittler/Paul, 2002). Hinzu kamen bedeutende Mathematiker wie Bernhard Riemann, Peter Dirichlet, Alfred Clebsch, Felix Klein, David Hilbert, Hermann Minkowski, Hermann Weyl, Carl Runge, Richard Courant und viele mehr, die in Göttingen tätig waren. So war es dann auch David Hilbert, der Emmy Noethers Bemühungen um eine reguläre Anstellung an der Universität Göttingen unterstützte. Um an der Universität lehren zu können, musste Emmy Noether sich zunächst habilitieren, d.h. ihre venia legendi (wörtlich aus dem Lateinischen: das Recht zu Unterrichten) erwerben. Allerdings galt zu dieser Zeit noch ein Habilitationsverbot für Frauen an preußischen Universitäten. Folglich wurde der im Jahre 1915 gestellte Antrag der mathematisch-naturwissenschaftliche Abteilung der philosophischen Fakultät der Universität Göttingen um eine Ausnahmeregelung für Emmy Noether vom preußischen Minister abgelehnt. Erst als sich nach Ende des 1. Weltkriegs und der Novemberrevolution von 1918 in Deutschland Arbeiter- und Frauenrechte etablierten, wurde auch die Habilitationsordnung geändert, sodass sich Emmy Noether im Januar 1919 im Fachbereich für Mathematik und Naturwissenschaften der Universität Göttingen habilitieren konnte. Am 4. Juni 1919 fand Emmys Testvorlesung statt und sie erhielt endlich die venia legendi. Allerdings bedeutete die Habilitation noch keine Festanstellung oder gar eine verbeamtete Professur an der Universität Göttingen. Erst 1922 erhielt Emmy den Titel einer ›Honorarprofessorin‹ und es dauerte ein weiteres Jahr, bis sie das erste Mal ein Gehalt erhielt. Allerdings war sie nie gewöhnliche, d.h. verbeamtete Universitätsprofessorin in Deutschland, obwohl ihr Wirken an der Universität bedeutend war. Die sogenannte »Noether Schule«, aus der in der Folgezeit viele bedeutende Wissenschaftler*innen hervorgingen, war bald in aller Mund. Zudem war Emmy bereits zu dieser Zeit eine weltweit anerkannte Wissenschaftlerin mit herausragenden Beiträgen zur mathematischen Physik und Mathematik. Deutlich wird die Benachteiligung von Emmy Noether aufgrund ihres Geschlechts auch, wenn man den Karriereweg ihres zwei Jahre jüngeren Bruders Fritz nachvollzieht, der – wie sie – bedeutende Beiträge zur Mathematik leistete. Fritz Noether promovierte 1909, habilitierte 1911 und wurde bereits 1918 zum außerordentlichen Professor berufen (vgl. Fritsch, 1999).

Ihr internationales Renommee führte am Ende der 1920er zu Gastprofessuren in Moskau (1928/1929) sowie an der Universität Frankfurt (1930).

Im Jahre 1932 gewann sie den Ackermann-Teubner Preis für ihre Beiträge zur Mathematik, ein Preis der in seiner gesamten Verleihungsgeschichte von 1914 bis 1941 in jedem Jahr an einen männlichen Mathematiker verliehen wurde, mit Ausnahme des Jahres 1932, in dem Emmy Noether sich den Preis mit Emil Artin teilte. Nach der Machtergreifung der Nationalsozialisten im Januar 1933 fiel Emmy Noether im April desselben Jahres als eine der Ersten den Universitätssäuberungen zum Opfer – vermutlich aufgrund ihrer jüdischen Abstammung, aber sicherlich auch aufgrund der Tatsache, dass sie eine Frau war. Nachdem sie eine Einladung des Somerville College in Oxford abgelehnt hatte, siedelte sie im Oktober 1933 in die USA über und wurde Professorin am Bryn Mawr Women's College in Pennsylvania. Zudem gab sie ab 1934 wöchentlich Vorlesung am nahegelegenen Institute of Advanced Studies Princeton, an dem zu dieser Zeit bereits auch Albert Einstein arbeitete.

Im April 1934 musste sich Emmy Noether einer Operation unterziehen, an deren Folgen sie am 14. April 1934 im Alter von nur 53 Jahren unerwartet verstarb. Albert Einstein schrieb in einem Nachruf in der New York Times über sie: »Der Einschätzung der kompetentesten lebenden Mathematiker*innen zufolge war Fräulein Noether das bedeutendste kreative mathematische Genie seit Einführung der höheren Bildung für Frauen« (Übersetzung d. Hg., vgl. Einstein 1935).

Emmy Noether hat im Laufe ihrer Karriere bedeutende und originelle Beiträge zur mathematischen Physik sowie zur Mathematik geschaffen. Während sie in der Zeit bis zu ihrer Habilitation vor allem Beiträge zur mathematischen Physik leistete, begann sie in den 1920ern verstärkt im Bereich der abstrakten Algebra zu arbeiten und entwickelte dabei vollkommen unabhängig ein neues Forschungsgebiet. Auch deswegen wird sie heute zu Recht oft ›die Mutter der modernen Algebra‹ genannt.

Die Noether-Theoreme

Im Bereich der mathematischen Physik veröffentlichte Emmy Noether im Jahre 1918 eine der bis heute bedeutendsten wissenschaftlichen Publikationen der mathematischen Physik: *Invariante Variationsprobleme* – eine Arbeit, die auch den Inhalt ihrer Habilitationsschrift ausmachte.

Dieses Werk beweist die profunde Verbindung zwischen sogenannten Symmetrien[4] einerseits und Erhaltungsgrößen andererseits und ist ein essenzielles Werkzeug der modernen Physik.

Unter Erhaltungsgrößen versteht man dabei die physikalischen Größen eines Systems, die sich während einer zeitlichen Entwicklung nicht verändern. So ist z.B. bei Systemen, die invariant unter einer beliebigen Rotation sind, der Drehimpuls erhalten. Man stelle sich eine Kugel mit einer Achse durch das Zentrum vor (ähnlich einem Globus, allerdings ohne jegliche Beschriftung). Die Kugel kann beliebig um die Achse rotiert werden, das System ändert sich aber physikalisch nicht. Emmy Noethers Arbeit konzentrierte sich auf sogenannte kontinuierliche Symmetrien, d.h. Symmetrien, die beliebig klein werden können. So gilt z.B. die obige Aussage über die Kugel auch, wenn der Drehwinkel sehr klein ist. Emmy Noether zeigte, dass in Systemen mit kontinuierlichen Symmetrien immer eine erhaltene physikalische Größe vorhanden ist, die heute nach ihrer Entdeckerin als ›Noether-Ladung‹ bezeichnet wird. Mit ihrer Arbeit löste Emmy Noether auch ein Problem, das im Zusammenhang mit der von Albert Einstein 1915 vorgestellten Allgemeinen Relativitätstheorie (und bis heute akzeptieren Theorie der Gravitation) aufgetaucht war, indem sie zeigte, dass in gekrümmten Raumzeiten verallgemeinerte Erhaltungsgrößen existieren.

Zudem sind ihre beiden Theoreme (heute oft als Noether-Theoreme bezeichnet) das Grundgerüst für das spätere Standardmodell der Teilchenphysik (vgl. Abbildung 4). In diesem Modell spielen Symmetrien eine fundamentale Rolle und dienten z.B. zur Vorhersage neuer Teilchen und Phänomene, die in der Folgezeit mit Hilfe von Teilchenbeschleunigern bestätigt wurden. Bis heute sind Symmetrien ein essenzielles Handwerkszeug bei der Konstruktion von neuen Modellen in der Physik (vgl. Gross, 1996).

In der Folgezeit arbeitete Emmy Noether hauptsächlich im Bereich abstrakter Mathematik (vgl. Rowe/Koreuber, 2020). Im Jahr 1925 promovierte die erste Doktorandin der Noether-Schule in Göttingen, Grete Hermann, die als Mathematikerin, Physikerin, Philosophin und Pädagogin wirkte und bekannt wurde. In der Folgezeit betreute Emmy Noether Promotionen im Bereich der abstrakten Algebra und Gruppentheorie. Alle ihre männlichen Doktoranden, von denen einer aus China stammte und einer während der Nazi-Herrschaft wegen ›homosexueller Handlungen‹ inhaftierte wurde, wirkten in der Folgezeit als bedeutende Mathematik-Professoren an deutschen und internationalen Universitäten. Bemerkenswert ist, dass ihre einzige weibliche Doktorandin in Göttingen, Grete Hermann, niemals Professorin wurde.

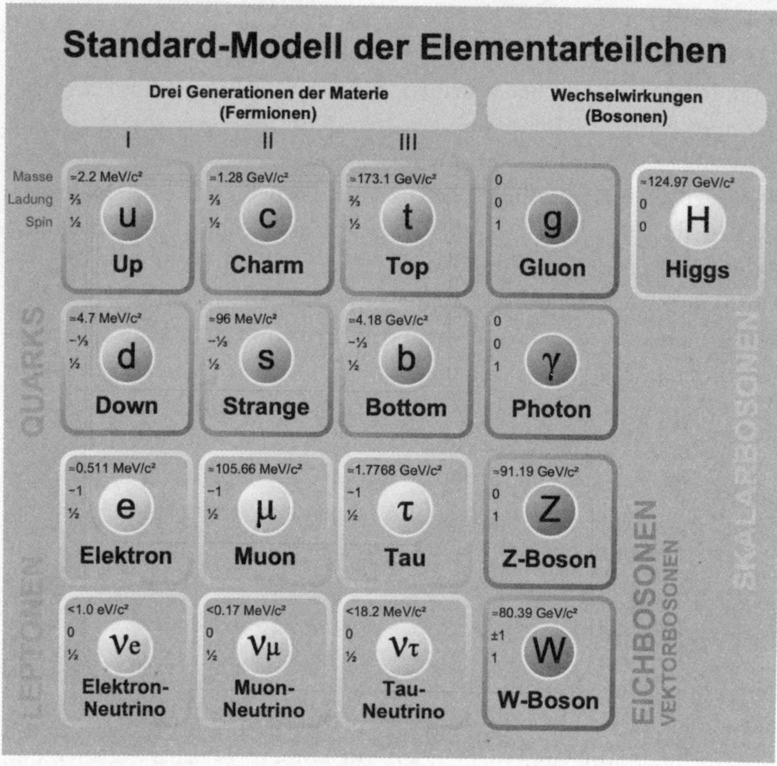

Abbildung 4: Elementarteilchen der Materie im Standardmodell der Teilchenphysik (5)

Emmy Noether bleibt in Erinnerung als eine selbstlose, brillante Frau, die die Mathematik und Wissenschaft liebte und enthusiastisch ihr Wissen an Kolleg*innen und Student*innen weitergab.

Heute ist ein Förderprogramm der Deutschen Forschungsgemeinschaft (DFG) nach Emmy Noether benannt. Im Rahmen des ›Emmy Noether Programms‹ können sich Nachwuchswissenschaftler*innen für die Finanzierung einer eigenen wissenschaftlichen Gruppe bewerben und somit das Äquivalent einer Habilitation erlangen. Diese Würdigung zeigt nochmals deutlich, wie wichtig die Ausbildung von Nachwuchswissenschaftler*innen für Emmy Noether war.

Die Frage bleibt, was sie hätte bewirken können, wenn sie nicht frühzeitig verstorben wäre. Wie hätte sie sich zum 2. Weltkrieg und dem

Holocaust geäußert, wie hätte sie sich in das wissenschaftliche Umfeld der Nachkriegszeit eingefügt?

Gemeinsamkeiten

Im Laufe des 19. Jahrhunderts ergaben sich mit der Erfindung der Dampfmaschine und damit neuer Transportsysteme neue Möglichkeiten des Austausches zwischen Wissenschaftler*innen – deutschlandweit und über die Grenzen des Landes hinaus. Tumarkins und Noethers damalige Arbeitsstätten trennen etwa 700 Kilometer. Das Aufkommen von Literatur- und Forschungsreisen, besonders auch für Frauen, hätte spannende Begegnungen vermuten lassen. Es ist jedoch weder bekannt, ob die beiden sich je begegnet sind, noch ob sie voneinander wussten. Stellen wir uns vor, worüber sie gesprochen hätten und aus welchen Themen sich spannende und wegweisende Synergien ergeben hätten:

Physik und Philosophie sind zu Beginn des 20. Jahrhunderts (und vielfach bis zum heutigen Tage) männlich dominierte Disziplinen. Dies beschäftigte Tumarkin und Noether nicht nur in ihrem wissenschaftlichen Wirken, sondern auch in ihrer alltäglichen Erfahrung. Tumarkin engagierte sich für Frauenrechte in der Schweiz, während sich Noether als Pazifistin und später in der aufkommenden sozialdemokratischen Partei engagierte. Obwohl die Wege beider Frauen sehr unterschiedlich waren, begannen beide mit dem Universitätsverbot für Frauen. Tumarkin durfte in Russland nicht studieren und zog zum Studium in die Schweiz. Emmy Noether wiederum durfte zuerst nur auf Einladung einzelner Professoren als Gasthörerin vereinzelte Vorlesungen besuchen, bevor sie Anfang des 20. Jahrhunderts die Chance bekam, in Deutschland zu studieren. Trotz der Gleichzeitigkeit ihres Einstiegs in die akademische Laufbahn ergaben sich in der Schweiz und in Deutschland sehr unterschiedliche Bilder.

Tumarkin wurde für ihre Dissertation hochgelobt und konnte mit Promotion und Habilitation sehr schnell eine wissenschaftliche Reputation aufbauen, während – im Kontrast dazu – das allgemeine Wahlrecht für Frauen in der Schweiz erst 1971 eingeführt wurde. Noether hingegen hatte inneruniversitär viele Hürden zu überwinden, die Habilitation von Frauen an preußischen Universitäten war vor dem Ersten Weltkrieg verboten. Allerdings verbesserte sich die allgemeine rechtliche Situation von deutschen Frauen in der Weimarer Republik, z.B. wurde 1919 das Wahlrecht für Frauen eingeführt.

Sicherlich hätten Emmy und Anna auch viel Gesprächsstoff bezüglich ihrer Erfahrungen im akademischen Umfeld gehabt. Während Anna Tumarkins Habilitation an der Universität Bern 1908 unproblematisch verlief, musste Emmy Noether drei Jahre auf die Genehmigung zur Lehre an der Universität Göttingen warten. Da sowohl Anna als auch Emmy in ihren Rollen als Professorinnen wissenschaftliche Karrieren von Frauen förderten, wäre ein Austausch zwischen den beiden Frauen sicherlich beidseitig ermutigend gewesen – vor allem hätte Anna Tumarkin als erste ordentliche Professorin Europas als Vorbild für Emmy Noether, die im Lauf ihres Lebens nie als solche berufen wurde, dienen können.

Diese Vorbildfunktion und Sichtbarkeit ist es, die für Frauen in der Wissenschaft und in akademischen Führungspositionen nach wie vor unglaublich wichtig ist.

Quellen

Einstein, Albert: *The late Emmy Noether*, The New York Times, 1 May 1935.

Falk, Francesca: *Gender Innovation and Migration in Switzerland*. Palgrave: Cham, 2019.

Fritsch, Rudolf, *»Noether, Fritz«* in: Neue Deutsche Biographie 19, S. 312 f., 1999.

Gitta, Mariam Chandra (Hg.): *Anna Turmakin*. Philosophie in der Schweiz. Sent Publishing: Beau Bassin, 2011.

Gross, David J: *The role of symmetry in fundamental physics*, Proc. Natl. Acad. Sci. USA Vol. 93, 14256–14259, 1996.

Jánoska, Judith: *Die Methode der Anna Turmakin*. In: Der Eigensinn des Materials: Erkundungen sozialer Wirklichkeit; Festschrift für Claudia Honegger zum 60. Geburtstag, Caroline Arni (Hg.), Frankfurt am Main, S. 151–168, 2007.

Mittler, Elmar und Paul, Fritz: *Das Göttinger Nobelpreiswunder – 100 Jahre Nobelpreis*: Vortragsband, Göttingen: Niedersächsische Staats- und Univ.-Bibliothek, Reihe: Göttinger Bibliotheksschriften 23, 2004.

Noether, Emmy: *Über die Bildung des Formensystems der ternären biquadratischen Form.* (Dissertation Universität Erlangen 1907, 72 Seiten), 1908.

Noether, Emmy: *Invariante Variationsprobleme,* Nachr. d. König. Gesellsch. d. Wiss. zu Göttingen, Math-Phys. Klasse, S. 235–257, 1918.

Rowe, David E. & Koreuber, Mechthild: *Proving it her way: Emmy Noether – A Life in Mathematics*, Springer, 2020.

Rüegg, Walter (Hrsg.): *Geschichte der Universität in Europa. Band III: Vom 19. Jahrhundert zum Zweiten Weltkrieg*, Beck München, 2004.

20. und 21. Jahrhundert

Die Revolutionärinnen: Marie Curie & Rosa Luxemburg

Physikerin: Marie Curie

Marie Curie ist sicherlich die bekannteste Wissenschaftlerin und eine der berühmtesten Frauen überhaupt. Als jüngstes von fünf Kindern wurde sie am 7. November 1867 in Warschau (heute Polen, damals unter russischer Herrschaft) als Maria Salomea Skłodowska geboren. Ihre Eltern waren Lehrer, jedoch nicht wohlhabend, sodass Maria nach dem Verlust ihrer Mutter und der ältesten Schwester im Kindesalter mit Abschluss ihrer Schulbildung zunächst nur die Möglichkeit blieb, als Hauslehrerin Geld zu verdienen. Erst im Alter von 23 Jahren schrieb sie sich an der Sorbonne in Paris ein, um dort Physik und Mathematik zu studieren. Bereits zwei Jahre später schloss sie ihr Studium der Physik als Beste ihres Jahrgangs ab, ein Jahr später beendete sie zudem ihr Studium der Mathematik als Zweitbeste.

Im Jahre 1895 heiratete sie ihren französischen Mitstudenten Pierre Curie und brachte zwei Jahre später das erste gemeinsame Kind, Irène, zur Welt. Im Jahr 1903 verteidigte sie ihre Doktorarbeit, die sich mit radioaktiven Substanzen befasst und für deren Forschungsergebnisse ihr nur ein Jahr später zusammen mit ihrem Ehemann Pierre Curie und dem Physiker Henri Becquerel der Nobelpreis für Physik verliehen wurde. Nach der Geburt der zweiten gemeinsamen Tochter, Eve, im Jahre 1904 ereignete sich im Jahre

1906 der sicherlich größte Schicksalsschlag im Leben der Marie Curie: der Unfalltod ihres Mannes Pierre.

Noch im selben Jahr wurde sie zur Professorin an der Sorbonne berufen und nahm dort die Stelle ihres verstorbenen Ehemanns ein. 1909 wurde das *Institut de Radium* (Institut Curie & Institut Pasteur) in Paris gegründet, das heute weltweit zu den bedeutendsten Laboratorien im Bereich der Strahlenforschung zählt. Trotz der Veröffentlichung eines zweibändigen Werkes über Radioaktivität sowie der Festlegung des ›Curie‹ (Ci)[6] als die bis 1985 gültige Standardmaßeinheit für Radioaktivität wurde Maries Kandidatur für den Physik-Sitz in der französischen Akademie der Wissenschaften 1910 abgelehnt. 1911 erhielt sie schließlich ihren zweiten Nobelpreis – in Chemie – für die Entdeckung der radioaktiven Elemente Radium und Polonium. Damit ist Marie Curie nicht nur eine von bis heute nur vier Frauen, denen der Physik-Nobelpreis verliehen wurde, sondern auch die einzige Person, die jemals zwei Nobelpreise in zwei unterschiedlichen wissenschaftlichen Disziplinen (Physik und Chemie) erhielt.

Hier zeigt sich die Interdisziplinarität ihrer Forschung, die bis heute von fundamentaler Bedeutung ist. Bereits im Laufe des Ersten Weltkrieges stellte Marie (zusammen mit ihrer Tochter Irène) ihr Wissen der Allgemeinheit zur Verfügung, indem sie mobile Röntgeneinheiten konstruierte und somit die Behandlung von verwundeten Soldaten in Feldlazaretten möglich machte. Nach Ende des Erste Weltkrieges gründete sie das Institut Curie und arbeitete in den folgenden Jahren an dem Ausbau dieses Instituts. Am 7. Juli 1934 starb Marie Curie in den französischen Alpen, vermutlich an den Folgen der radioaktiven Strahlung, der sie im Rahmen ihrer Forschungsarbeiten ausgesetzt war.

1995 würdigt Frankreich die Leistungen dieser ungewöhnlichen Frau und setzte sie zusammen mit ihrem Mann Pierre im Panthéon in Paris bei.

Zwei Nobelpreise

Marie Curie interessierte sich bereits früh in ihrer wissenschaftlichen Karriere für das Phänomen der Radioaktivität. Nachdem J.J. Thomson im Jahre 1897 das Elektron entdeckt hatte und mit Hilfe der Quantenmechanik ein Atommodell, das sogenannte Bohrsche Atommodell[7], entstanden war, richtete sich das Interesse zunehmend auf die Struktur des Atomkerns. Letzterer ist etwa 10.000-mal kleiner als das Atom an sich und – wie wir heute wissen – aus Neutronen und Protonen zusammengesetzt. Neutronen und Protonen waren aber zu Beginn des 20. Jahrhunderts und zur Zeit der Erforschung der Radioaktivität weitgehend unbekannt: das Proton wurde 1917 von Rutherford entdeckt, während das Neutron erst 1932 von Chadwick nachgewiesen wurde.

Marie Curies Studien fokussierten sich auf die Beobachtung des Phänomens der Radioaktivität und deren Klassifizierung. Dabei untersuchte sie in ihrem Labor eine große Menge von Metallen, Mineralien und Salzen und beobachtete, dass die von ihr untersuchten Substanzen um ein vielfaches aktiver als das zuvor von Henri Becquerel untersuchte Uranium waren. Im Jahre 1898 wurden ihre Untersuchungen in der von der Akademie der Wissenschaft Paris herausgegebenen Zeitschrift *Comptes rendus de l'Académie des Sciences* veröffentlicht (vgl. Curie, 1898). In derselben Zeitschrift publizierten Pierre und Marie Curie etwa sechs Monate bzw. elf Monate später die Entdeckung der hoch-radioaktiven Elemente Polonium und Radium (vgl. Curie & Curie, 1898; Curie & Curie & Bélmont, 1898).

Polonium-210 (Po-210) besitzt in seinem Kern 84 elektrisch positiv geladene Protonen und 126 ungeladene Neutronen. In einem solchen großen Verbund von Teilchen wirken verschiedene Kräfte (zumal Neutronen und Protonen anders als Elektronen keine Elementarteilchen sind, sondern aus jeweils drei Quarks zusammengesetzt sind). Dazu gehören die elektromagnetische Kraft und die Kernkräfte, die alle dazu führen, dass Po-210 radioaktiv instabil ist und unter Aussendung eines Alphateilchens (eines Heliumkerns mit jeweils zwei Protonen und Neutronen) in einen Bleikern (Pb-206) zerfällt. Bei einem von 100.000 Zerfällen werden dabei auch Gammastrahlen, also hoch-energetische elektromagnetische Wellen, ausgesandt. Po-210 ist ein starker Alphastrahler, der, wenn z.B. eingeatmet, tödlich sein kann, aber nicht die äußeren Schichten der Haut durchdringen kann.

Neben Alpha- und Gammastrahlung findet man bei radioaktiven Zerfällen auch noch Betastrahlung (vgl. Abbildung 5). Dabei handelt es sich um hochenergetische Elektronen, die ausgesendet werden, wenn ein Neutron in ein Proton, ein Elektron und ein sogenanntes Anti-Neutrino zerfällt. Betastrahlung wird z.B. in der Zerfallskette von Radium-226 (88 Protonen und 138 Neutronen) zum stabilen Isotop von Blei (Pb-206) produziert.

Marie Curie erkannte schnell, dass die Strahlung friedlich genutzt werden kann, und setzte sich zeitlebens dafür ein. Das Institut Curie ist ein

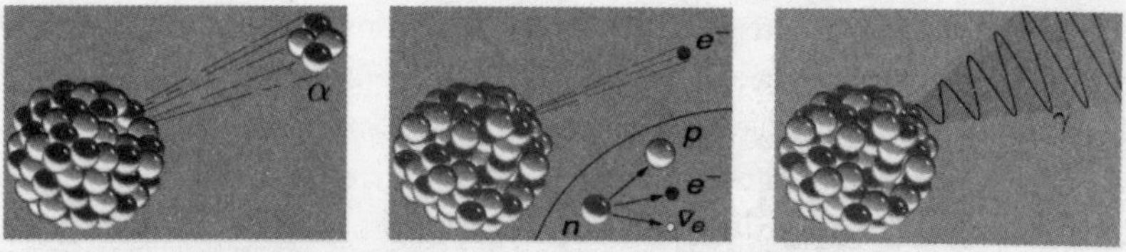

Abbildung 5: Radioaktive Zerfälle von Atomkernen, die aus Protonen (p) und Neutronen (n) zusammengesetzt sind. Von links nach rechts: Alpha-, Beta- und Gammazerfall

weltweit führendes Krebsforschungszentrum und Krankenhaus in Paris. Ihre Forschung ebnete aber auch den Weg für Fundamentalforschung im Bereich der Kern- und Teilchenphysik. Wie wir in den folgenden Kapiteln dieses Buches sehen werden, war die Entdeckung der Radioaktivität der erste bedeutende Schritt, um die Struktur der Materie besser verstehen zu können. Radioaktivität ergibt sich aus dem Zerfall des Atomkerns und macht deutlich, dass nicht nur eine Substruktur im Atom in Form des Atomkerns existiert, sondern auch, dass dieser Kern keineswegs stabil sein muss.

Philosophin: Rosa Luxemburg

An einem Tag im Herbst 2021 benannte einer der führenden deutschen Soziologen an der Universität Hamburg seine reguläre Veranstaltung für Erstsemester nach 30 Jahren von ›Marx‹ in ›Marx und Luxemburg‹ um. Eine Entwicklung, die kaum auffiel, an der aber so vieles deutlich wird. Rosa Luxemburg kennen viele Menschen ausschließlich (wenn überhaupt) in ihrer Funktion als Politikerin. Ihre theoretische Arbeit wertzuschätzen und diese sogar als philosophisch zu betrachten, ist eher wenigen Menschen innerhalb und außerhalb der Universität möglich.

Rozalia Luxemburg wurde 1871 in Kongresspolen im Kaiserreich Russland geboren und gilt heute in der medialen Berichterstattung als Vertreterin der europäischen Arbeiter*innenbewegung, als Kämpferin für den Marxismus, den Antimilitarismus und den proletarischen Internationalismus. Luxemburgs Leben war geprägt von Umbrüchen. Bereits zu Beginn ihrer Bildungsbiografie schloss sie sich in der Schule einer marxistischen Untergruppe an und war nach dem Abschluss aufgrund ihres Engagements dazu gezwungen, in die Schweiz zu fliehen. Die Erfahrung der Flucht ermöglichte ihr, schnell den Kontakt zu anderen geflüchteten Intellektuellen an der Universität Zürich zu finden, an der sie neben Mathematik und Botanik auch Philosophie studierte. Luxemburg galt für viele ihrer späteren Wegbegleiter*innen als »Verkörperung beispielloser Energie« (Clara Zetkin), engagierte sich früh gegen differenzierte Formen von Ungleichheit und machte sich gegen Kapitalismus und Monarchie stark. Die Forderung nach der Machtübernahme durch das Proletariat macht Rosa Luxemburg für die einen zur Heldin, für ihre politischen Gegner*innen im linken Flügel der SPD, der sie 1898 beigetreten war, aber zum Feindbild. Ihre offene Kritik an den Zuständen ihrer Zeit führte dazu, dass Luxemburg mehrfach im Laufe ihres Lebens im Gefängnis saß. Die Gründung der Spartakusgruppe, der innerparteilichen Opposition der SPD, war für

Luxemburg eine Möglichkeit, ihre Kritik am vorherrschen Militarismus während und nach dem ersten Weltkrieg vorzubringen. Ihr Protest, der sich stets daraus ableitete, dass die Revolution nicht gelingen kann, solange nicht die Arbeiter*innenklasse die Kontrolle übernimmt, führte im Jahr 1919 zu einem bewaffneten Aufstand gegen die Regierung von Friedrich Ebert. Nach der Niederschlagung der Straßenkämpfe in Berlin wurden sowohl Rosa Luxemburg als auch Karl Liebknecht verhaftet, gefoltert und zum Schluss durch die Freikorps erschossen. Beide Morde sind bis heute nicht vollständig aufgeklärt (vgl. Piper 2018).

Die Freiheit der Andersdenkenden

Als Lenin Rosa Luxemburg als »Adler unter Hühnern« bezeichnete, schien diese Aussage vom Respekt gegenüber den Errungenschaften und der Wirkungskraft des Werkes Luxemburgs zu zeugen, tatsächlich zeigt sich in dieser Aussage allerdings auch eine gewisse Form von Abwertung gegenüber anderen Denkerinnen. Die exponierte Position Luxemburgs half ihr, die Funktion einer Vorkämpferin für die Rechte von Andersdenkenden zu übernehmen. In dieser Funktion setzte sie sich für eine grenzenlose Solidarität ein, die sich sowohl im Leben als auch in der Arbeit von Menschen wiederfinden sollte. Von Luxemburgs Positionierung können auch heutige Bewegungen sehr viel lernen: ihre schonungslose Kritik an gesellschaftlichen Missständen hatte immer die Empathie für alle Menschen im Zentrum. Luxemburg, die eher durch ihre politische Arbeit in Erscheinung trat, aber in Zürich auch Philosophie studiert hatte, kann uns heute verstehen lehren, dass Kapitalismus und Krieg zwei Seiten derselben Medaille sind. Luxemburg hatte verstanden, wie der Kapitalismus vom Krieg und von anderen Formen der Auseinandersetzung profitiert. Wie durch Krieg Kapital vermehrt wird, weil das menschliche Leid, hervorgerufen durch Krieg und Kolonialismus an Orten, die im westlichen Bewusstsein zumeist nicht präsent sind, eine unermessliche Kapitalquelle darstellt (vgl. Keller 2005, 34). Luxemburg hatte sehr früh die Verbindung zwischen der ausbeuterischen Natur des Kolonialismus und des Reichtums der westlichen Gesellschaften verstanden und war dagegen nicht nur schriftlich vorgegangen, sondern hatte vor allem auch die Proteste auf der Straße angeführt. Luxemburgs Analysen des Zusammenhangs von Kolonialismus und Kapitalismus sowie von Nationalismus und Rassismus, sind von erschreckender Aktualität. Erschreckend, wenn wir uns vor Augen führen, wann diese Texte geschrieben wurden. In ihrem Werk finden wir bereits antirassistische, feministische und anti-klassizistische Kämpfe untrennbar miteinander verbunden – eine Perspektive, die sich mit dem Ansatz der Intersektionalität bei Kimberle Crenshaw erst Jahrzehnte später eröffnete (vgl. Parris, 2021, S. 257) und seit dieser Zeit immer mehr theoretische Anerkennung erhält. Bereits 1914 schrieb Rosa Luxemburg:

> »Proletarierin, Ärmste der Armen, Rechtloseste der Rechtlosen, eile zum Kampfe um die Befreiung des Frauengeschlechts und des Menschengeschlechts von den Schrecken der Kapitalherrschaft. Die Sozialdemokratie hat dir den Ehrenplatz angewiesen. Eile vor die Front, auf die Schanze!« (Luxemburg 2019, S. 54).

In diesem flammenden Appell finden wir die intersektionale Perspektive, wie wir sie pointierter kaum finden könnten. Sie spricht nicht nur Proletarier als erste Person an, sondern insbesondere die Proletarierin, die Mehrfachdiskriminierungen ausgesetzt ist. Die Rechtlosigkeit und Armut von Frauen, die Luxemburg anspricht, sind für sie direkte Auswirkungen der patriarchalen Herrschaft über Frauen. Im weiteren Verlauf des Zitats trennt sie zwar das Frauengeschlecht vom Menschengeschlecht, macht damit aber deutlich, dass beide auf je eigene Art vom »Schrecken der Kapitalherrschaft« betroffen sind und impliziert damit die Folgen einer stereotypen Geschlechterverteilung, unter der im Kapitalismus nicht ausschließlich Frauen, sondern, binär gedacht, auch Männer leiden. Der »Ehrenplatz«, der hier angesprochen wird, obliegt nach Luxemburg der armen, rechtlosen Proletarierin, von deren Position aus sich Politik und Gesellschaft verändern muss – und von deren Position die Revolution gedacht werden muss. Luxemburgs Appell weist eindeutig eine Form von Diskriminierungskritik auf, wie sie erst viele Jahre später aus den Reihen feministischer Theorie laut wurde. Ihr Fokus gilt nicht nur der Auflösung des Patriarchats, sondern auch der Abschaffung der damit direkt verbundenen Unterdrückungsregime Militarismus und Rassismus (vgl. Luxemburg 2019, S. 88 f.). So schreibt Luxemburg 1914, dass die Unterdrückung von Schwarzen Menschen kein Nebeneffekt des Kapitalismus, sondern ein Zeichen von Klassenherrschaft und damit genauso fundamental wie Militarismus sei. Die Rechtswissenschaftlerin Drucilla Cornell bezeichnet sie daher in einem ZEIT-Interview zurecht als »sozialistische Feministin« (Cornell, 2021, S. 52).

Interessant wäre, wie ihre Perspektive, d.h. dieses Zusammendenken der Verschränkung von Diskriminierungsformen, auf weitere marginalisierte Gruppen erweitert werden könnte. Besonders ihr Denken über die Zusammenhänge von Kolonialismus, Rassismus und Nationalismus könnten beispielsweise im Kontext der Positioniertheiten von Frauen und Transpersonen aus dem globalen Süden maßgebliche Auswirkungen auf Theorie- und Protestkulturen haben.

Luxemburg kämpfte gegen jede Form von Diskriminierung und gegen jedes unterdrückende Herrschaftssystem (vgl. Brangsch/Pietschke 2021, S. 47). Es ist nur zu erahnen, welche Wirkung ihre Perspektive der Verschränktheit von Diskriminierungskategorien und Erfahrungen auf die Gesellschaft im 20. Jahrhundert hätte entfalten können, wäre sie nicht ermordet worden.

Transformation, die uns alle betrifft

Rosa Luxemburgs politische Visionen bezogen sich nicht nur die Veränderung des gesellschaftlichen und politischen Systems – es ging ihr um die Infragestellung des Lebens jeder einzelnen Person. Ihre Vorstellung von Sozialismus reduzierte sich nicht auf die Kritik an den ›Mächtigen dieser Welt‹ Es ging ihr vielmehr um eine wesentliche Transformation – ein Umdenken in uns allen, eine Perspektivveränderung, die nicht nur die ganz großen Systeme und die Machthaber angeht. Das Umdenken, folgen wir Luxemburg, sollte bei uns selbst beginnen (vgl. Monecke, 2019). Wir sind es, die von ihr gerufen werden, um auf die Straße zu eilen. Die gesellschaftliche Veränderung lässt sich nicht allein durch theoretische Systemkritik herbeiführen – es braucht das Handeln von vielen. Die Gesellschaft muss sich von der kapitalistischen Egozentriertheit, in der jede Person nur auf den eigenen Vorteil fokussiert ist, entfernen und sich auf das Zusammenleben der Menschen fokussieren und diese in die Prozesse gesellschaftlicher Transformation einbinden. Nach Luxemburg können und sind wir alle Teil dieser Entwicklung, der Revolution und der Veränderung, die wir uns für diese Gesellschaft wünschen.

Gemeinsamkeiten

Ab 1891 lehrte Marie Curie (bis zu ihrem Tod) an der Sorbonne in Paris, in den Jahren 1894/95 unternahm Rosa Luxemburg zahlreiche Reisen nach Paris. Ob es während dieser Aufenthalte zu Treffen zwischen den beiden berühmten Wissenschaftlerinnen kam, ist unbekannt. Es wäre jedoch gut möglich gewesen, und definitiv hätten sie bei einem solchen Treffen viele interessante Perspektiven teilen können. Luxemburgs Kritik am Militarismus und am Kapitalismus hätte Marie Curie womöglich in ihrem Wunsch bestätigt, die Radioaktivität ausschließlich friedlich zu nutzen. Zudem könnte man sich vorstellen, dass die ›Grenzerfahrungen‹ der beiden Frauen, etwa Curies Migration aus Polen und ihre Kriegserlebnisse sowie Luxemburgs Gefängnisaufenthalte, zu einer tiefen solidarischen Verbundenheit geführt haben könnten. Vor allem aber hätte ihr unermüdlicher Einsatz für Arbeiter*innen die beiden in einer neuen Art von wissenschaftlich- politischer Gemeinschaft im Kampf für Gerechtigkeit verbinden können, ganz im Kontext von Curies berühmtem Zitat: »Nothing in life is to fear – only to be understood«. Da es leider keine Quellen gibt, die belegen würden, dass die beiden Frauen sich überhaupt begegnet sind, ist dies natürlich Spekulation.

Quellen

Brangsch, Lutz & Pietschke, Miriam: *Sich nicht regieren lassen: Rosa Luxemburg zu Demokratie und linker Organisierung. Ein Lesebuch*, Dietz Verlag, Berlin, 2021.

Cornell, Drucilla: *Creolizing Rosa Luxemburg.* Rowman & Littlefield Publishers, Mayfield, 2021.

Curie, Marie: R*ayons émis par le composés de l'uranium et du thorium*, Comptes rendus 126, S. 1101, 1898.

Curie, Pierre & Curie, Marie: *Sur une substance nouvelle radio-active, contenue dans la pechblende*, Comptes rendus 127, S. 175, 1898.

Curie, Pierre & Curie, Marie & Bémont, Gustave: *Sur une substance nouvelle fortemente radio-active, contenue dans la pechblende*, Comptes rendus 127, S. 1215, 1898.

Fölsing, Ulla: *Nobel-Frauen*, S. 29–44, Verlag C.H. Beck, München, 1990.

Goldsmith, Barbara: *Obsessive Genius*, Orion Books, London, 2005.

Haug, Frigga: *Rosa Luxemburg und die Kunst der Politik*, Hamburg, 2007.

Keller, Fritz & Kraft, Stefan: *Rosa Luxemburg. Denken und Leben einer internationalen Revolutionärin*. Promedia: Wien, 2005.

Ksoll, Peter & Vögele, Fritz: *Marie Curie*, Rowohlt Hamburg, 1988.

Luxemburg, Rosa: *Sozialreform oder Revolution?,* London: Musaicum Books, 2019.

Luxemburg, Rosa: *Gesammelte Briefe,* Bd. 1, Dietz Verlag, Berlin 1984.

Monecke, Nina: Was wir heute von Rosa Luxemburg lernen können. Zeit Online: https://www.zeit.de/zustimmung?url=https%3A%2F%2Fwww.zeit.de%2Fzett%2Fpolitik%2F2019-01%2Fwas-wir-heute-von-rosa-luxemburg-lernen-koennen.

Parris, Larose: A Woman's Work. Independently published, 2021.

Pipert, Ernst: *Rosa Luxemburg. Ein Leben*. München: Karl Blessing Verlag, 2018.

Die Radikalen: Hannah Arendt & Lise Meitner

Philosophin: Hannah Arendt

Geht man durch die Straßen von Hannover, fragt man sich unwillkürlich, wo die Spuren der in dieser Stadt geborenen, wohl auch zu Lebzeiten schon bekanntesten und heute wichtigsten Philosophin überhaupt zu finden sind. Abseits vom Trubel findet sich in einem Hinterhof nicht mehr als ein Wandgemälde, auf der Website der Stadt nur eine kleine Notiz. Hannover als Hauptstadt Niedersachsens hat ihre Universität nicht nach Hannah Arendt, sondern nach Gottfried Wilhelm Leibniz benannt.

Hannah Arendt studierte Philosophie bei den großen Denkern der Zeit: Heidegger, Husserl, Jaspers, wobei sie bei Letzterem promovierte. Sie wurde erst viele Jahre nach ihrer Emigration in die USA im Jahr 1953 auf ihre erste befristete Professur in Politikwissenschaft am Brooklyn College in New York berufen und erhielt bis zu ihrem Lebensende (auf eigenen Wunsch) keine ordentliche Professur, da sie befürchtete, ihr würde bei einer Vollzeitstelle die Zeit zum Schreiben fehlen. Ihr zentrales Werk über *Elemente und Ursprünge totaler Herrschaft*, das bis heute an Aktualität nichts verloren hat, ist eine frühe Einführung in die Totalitarismusforschung. Arendts Werke schaffen etwas Neues und rufen die Leser*innen dazu auf, ihre eigene Positionierung kritisch zu hinterfragen. Hannah Arendt beschrieb ihre Arbeit als Versuch eines »Denkens ohne Geländer« – was soviel bedeutet wie ›Denken ohne die für die Philosophie als so notwendig betrachtete Denkrichtung oder -schule‹, also den Versuch meint, ein radikal unabhängiges Denken in den Mittelpunkt zu stellen.

Wo sind wir, wenn wir denken?

Für Hannah Arendt stellte sich diese Frage besonders im Kontext des ›Philosophierens‹. Sie versteht das Denken als »außerhalb der Ordnung, es unterbricht alle gewöhnlichen Tätigkeiten und wird durch die unterbrochen« (Arendt, 2006, S. 14). Das Denken teilt die Welt auf. Was außerhalb der denkenden Person ist, erscheint als abgetrennt, kann aber vom »Ruf der Welt und der Mitmenschen« (ebd. S. 15) zurückgeholt werden. Das, was im Prozess des Denkens entsteht, in ihm Sinn gewinnen kann, sind »Destillate, Ergebnisse und Entsinnlichung, und das sind keine bloßen abstrakten Begriffe, man sprach einst von Wesen« (ebd. S. 16). Hier zeigt sich eine zentrale Perspektive, die sich wie ein roter Faden durch Hannah Arendts gesamte Philosophie zieht. Im Prozess des Denkens, der Bewegung, der Verallgemeinerung, des ›Abstandnehmens‹ von sinnlicher Wahrnehmung realisiert sich ein »Denken ohne Geländer«. Bezüge zu anderen Philosoph*innen finden wir im Werk Arendts deutlich: zu Klassikern wie Aristoteles, zu ihrem Professor Heidegger, zu Freunden wie Karl Jaspers und zu vielen weiteren Philosoph*innen. Was aber die ›Geländerlosigkeit‹ umschreiben kann, ist mehr: der Prozess des Denkens, der nachhaltig dazu inspirieren kann, die eigenen politischen und sozialen Denkkategorien hinter sich zu lassen. Damit hat die Philosophie per se keine Agenda, keine konkrete Aufgabe. Arendt geht es vielmehr um »*das Verstehen*« (ebd. S. 11). Und wenn sie schreibt: »Alles Denken ist diskursiv« (ebd. S. 19), führt sie ihre Leser*innen in die Vorstellung einer unendlichen Gedankenlinie ein, die es zur Aufgabe hat, sich immer wieder zu verändern und sich neuer gesellschaftlicher Herausforderungen reflektiv und diskursiv anzunehmen.

Politisches Denken

Den meisten Menschen, die sich für Philosophie, Politik und/oder Zeitgeschichte interessieren, ist Hannah Arendt aus ihren Auseinandersetzungen mit den Gräueltaten des Holocaust und speziell durch ihr Buch *Die Banalität des Bösen*, das ihre Beobachtungen zum Eichmann-Prozess enthält, ein Begriff. Daher wird an dieser Stelle auf das Fundament des kritischen Denkens Arendts verwiesen, das auch als Hilfestellung dienen kann, um in den vorgängig angesprochenen Kontext einzusteigen.

Hannah Arendt selbst zieht es im berühmten Interview mit Günter Gaus, das auf YouTube zu finden ist, vor, nicht als Philosophin bezeichnet zu werden. Solches Schubladendenken ist ihr fremd. Auch bei der Frage, wie es sei, als Frau in der Philosophie tätig zu sein, zeigt sie keinerlei Bereitschaft, sich in diskursive, stereotype Rollen zwängen zu lassen. Ihr Denken widersetzt sich solchen Kategorisierungen und ist vielmehr darauf ausgerichtet, die Defizite politischen Denkens und Handelns wieder sichtbar zu machen, und dies nicht allein mit Hinblick auf eine staatliche Verfasstheit von Politik, sondern in Bezug auf das Handeln und Denken jeder einzelnen Person. Für dieses Denken benötigt Arendts Theorie keine streng systematische Herleitung des Begriffes des Politischen. Sie verfolgt mit ihrer Theorie vielmehr den Ansatz, das Politische selbst zum Sprechen zu bringen (vgl. Zhang 2006, S. 45) und dabei auf ein Denk- oder Begriffsgerüst zu verzichten, sei es metaphysisch oder ideologisch. Denn solange ›das Politische‹ überformt ist, geht der Öffentlichkeit die Fähigkeit verloren, das Politische selbst zu denken. Dies zeigt, dass das Politische kein »Sein-für-sich« hat – es existiert nur als Praxis. Für Arendt ist es daher »kein Was, sondern vielmehr ein Wie« (Prinz, 2012, S. 201). Es beschreibt die Art und Weise, wie sich Handlungen (zum Beispiel in Institutionen) vollziehen, und wie diese mitgestaltet und somit Ereignisse beeinflusst werden können. Dass diese politischen Praktiken innerhalb von Institutionen diskursiv zu hinterfragen sind, gilt für informierte Leser*innen als Kern ihrer Theorie. Die Abkehr vom Begriff ›Politik‹, die nach Arendt immer zweck- und damit stets kontextgebunden ist, ermöglicht, den Fokus auf das Politische zu richten und so die symbolische Tür zu politischer Freiheit zu öffnen (vgl. Zhang 2006, S. 76). Es zeigt sich, dass das Politische die Besonderheit einer permanenten Veränderung beinhaltet, also die Freiheit in einer Weise zulässt, die nicht daran interessiert ist, eine Kategorie zu bilden.

Das Politische als Prozess sichtbar zu machen und diesen ins Zentrum zu stellen, ist eine der zentralen Merkmale der Arendt'schen Philosophie.

Konkrete Anwendung – aktivistisches Handeln

Die Auseinandersetzung mit aktuellen politischen Themen begleitete Hannah Arendt ihr gesamtes Leben. Als Beispiel für ihr Bedürfnis nach unmittelbarer Anwendung der Theorie auf die praktischen Auseinandersetzungen der Zeit, sollen hier ihre Ausführungen zu den Student*innenprotesten 1969 in den USA dienen. Unter dem Eindruck der Student*innenrevolten in Europa und dem militärischen Wettrüsten veröffentlichte Hannah Arendt den Band *On Violence,* zu Deutsch *Macht* *und Gewalt*. Im Zentrum dieses Werkes stehen die Phänomene Macht, Kraft, Gewalt und Autorität und die ihnen zugrundeliegenden Begriffe. Diese werden im Kontext des Werkes historisch hergeleitet und systematisch voneinander abgegrenzt. Im Anschluss nutzt Arendt genau diese diskursive Theorieperspektive, um das aktuelle Geschehen zu kommentieren. In Abgrenzung zu den anderen Begriffen versteht Arendt Stärke als eine Fähigkeit des Individuums, die unabhängig ist von der Zustimmung anderer, aber der Macht der Vielen nicht standhalten. Autorität versteht sie als Möglichkeit, zwischenmenschliche Beziehungen zu beschreiben, in denen sich Autorität zeigen kann z.B. durch Zuordnung zu bestimmten sozialen Rollen. Autorität haben nach Arendt nicht nur Einzelpersonen in verschiedenen Konstellationen, sondern vor allem Gruppen und Institutionen, die z.B. Sanktionen aussprechen können (vgl. Zhang, 2006, S. 65). Für Arendt ist es zentral festzuhalten, dass Macht und Autorität niemals auf Gewalt angewiesen ist. Die Revolution (somit auch die Student*innenproteste) handeln im Begriff der Freiheit (vgl. Arendt, 1970, S. 23). Ziel ist die Schaffung eines politischen Raumes, in dem Menschen frei sprechen und handeln können und sich damit gegebenenfalls eine neue Form von Gemeinwesen etablieren lässt.

Die Fähigkeit des Zusammenschlusses mit dem Ziel, Macht zu erzeugen und handelnd einen Neuanfang in die Welt zu setzen (ebd. S. 34), ist das zentrale Kriterium der Revolution. Diese kann nur gelingen, wenn das Politische selbst beweglich ist, d.h. von verschiedenen Menschen diskursiv gebildet und in den Dialog gebracht wird.

Flucht und Staatenlosigkeit

1943 verfasste Hannah Arendt den Text mit dem Titel »We refugees«, der 1986 erstmals in Übersetzung erschien und der, lesen wir ihn heute, erstaunlich aktuell wirkt. Auf der Grundlage ihrer eigenen Fluchterfahrung entwickelt sie die These, dass Mensch sein bedeutet, ein Subjekt mit Rechten zu sein (vgl. Arendt, 2016 S. 4). Im Text verbinden sich ihre eigene Geschichte und die Geschichten derer, die von ihr analysiert werden. Mehrfach spricht sie die Problematik der Assimilation an, sich in einer fremden Umgebung zurechtzufinden und alles zurücklassen zu müssen: »Wir haben unser Zuhause und dann die Vertrautheit des Alltags verloren. Wir haben unseren Beruf verloren und damit das Vertrauen eingebüßt, in dieser Welt irgendwie von Nutzen zu sein.« (Arendt, 2016 S. 8)

Der Verlust der Vertrautheit verweist auch auf den Verlust des gewohnten Sprachgebrauchs sowie den verunmöglichten Rückgriff auf gewohnte Gesten. Damit schwindet laut Arendt auch der »ungezwungene Ausdruck unserer Gefühle« (Arendt, 2016 S. 9). Es zeigt sich, was auf der Flucht verlorengeht: Für Arendt ist es die eigene Identität und das Gefühl der Zugehörigkeit. Arendt verdeutlicht, dass mit der Heimatlosigkeit in einem Jenseits von Sprache auch die Rechtlosigkeit einhergeht, die insbesondere Staatenlose betrifft. Sie resümiert: »Unsere Identität wechselt so häufig, daß keiner herausfinden kann, wer wir eigentlich sind« (Arendt 2016, S. 8). Die Fragwürdigkeit der Identität korrespondiert mit einer bis dahin nicht gekannten Rechtlosigkeit:

> »Daß es so etwas gibt wie ein Recht, Rechte zu haben – und dies ist gleichbedeutend damit, in einem Beziehungssystem zu leben, in dem man aufgrund von Handlungen und Meinungen beurteilt wird –, wissen wir erst, seitdem Millionen von Menschen aufgetaucht sind, die dieses Recht verloren haben und zufolge der neuen globalen Organisation der Welt nicht imstande sind, es wiederzugewinnen« (Arendt, 2016 S. 10).

Diese Beziehungssysteme sind es, die später auch für das Denken Judith Butlers unabdingbar werden. Dieses Geflecht von Handlungen und Meinungen bestimmt unseren Standpunkt in der Welt, den Status, den Menschen in der Welt einnehmen können, ihre Möglichkeiten und die Grenzen ihrer Handlungsspielräume. Was Arendt hier anspricht, dass nämlich die Frage nach der Bedeutung von Staatenlosigkeit erst mit den Geflüchteten auftaucht, ist eine wesentliche Erkenntnis, die sich auch in der Diskussion um Flucht und politische Fluchtursachen nach 2015 in den Medien abgebildet hat. Arendt beschreibt diese Position als »Weltlosigkeit« und Agamben benennt sie in seinem Essay *Homo Sacer,* der sich mit Arendts Werk beschäftigt, bereits im Untertitel als »das nackte Leben«. Geflüchtete Menschen haben in Arendts Text keinen Zugang mehr zur gesellschaftlichen Teilhabe. Mit der Staatenlosigkeit kommt auch die Rechtlosigkeit. Der geflüchtete Mensch ist ausgeschlossen aus der Gesellschaft, in der er lebt, gleichzeitig aber vollständig von ihr abhängig. Dies zeigt sich besonders in der Debatte um die Versorgung und Unterbringung von geflüchteten Menschen und an der Frage, welche Art von Arbeit sie aufnehmen dürfen und welche sprachlichen Voraussetzungen sie dafür erfüllen müssen.

Spannend ist nicht nur die inhaltliche Konzeption des Aufsatzes und die Aktualität, sondern darüber hinaus auch der Umgang mit dem Text, als dieser 1986 erstmals auf Deutsch erschien. Denn von Arendts Zeitgenoss*innen wurde er als eine ›autobiografische Bagatelle‹ eingestuft und größtenteils totgeschwiegen. Erst bei seiner Wiederauflage 2016 und unter dem Eindruck der Fluchtbewegungen, die Europa erreichten, wurde ihm die Aufmerksamkeit zuteil, die ihm zusteht.

Physikerin: Lise Meitner

Im Gegensatz zu Marie Curie, die für ihre Forschung zwei Nobelpreise erhielt, wurde Lise Meitner trotz vielfacher Nominierungen bei der Vergabe ›übersehen‹. Ihr langjähriger Kollege und Forschungspartner Otto Hahn erhielt dagegen 1944 den Nobelpreis in Chemie für Entdeckungen, zu denen Lise Meitner bedeutende Beiträge geliefert hatte.

Am 17. November 1878 in Wien geboren, begann Lise Meitner im Jahre 1901 ihr Studium der Physik und Mathematik an der Universität Wien und promovierte im Jahr 1906 (als erst zweite Frau) mit Auszeichnung in Physik. In ihrer Doktorarbeit beschäftigte sie sich mit der Wärmeleitung in inhomogenen Körpern (vgl. Meitner, 1906). 1907 zog sie nach Berlin um, um dort mit dem berühmten Physiker Max Planck zu arbeiten. Dort traf sie Otto Hahn, einen Chemiker, der sich mit Radioaktivität beschäftigte, und begann im Jahre 1908 eine langjährige Zusammenarbeit mit ihm. Zu betonen ist, dass ihre Tätigkeit über mehrere Jahre unbezahlt blieb. Erst mit der Gründung des Kaiser-Wilhelm Instituts für Chemie bekam sie eine Festanstellung und arbeitete fortan in der von Otto Hahn gegründeten Ableitung Radioaktivität. 1918 konnte sie endlich eine unabhängige Forschungsgruppe gründen – für Radio-Physik –, die sich vor allem (und in Abgrenzung zu Otto Hahns Gruppe) mit den physikalischen Effekten der Radioaktivität beschäftigte. 1926 wurde Lise Meitner endlich Professorin für experimentelle Nuklearphysik, allerdings handelte es sich dabei um eine außerordentliche Professur, d.h. sie trug den Titel einer Professorin, erhielt aber nicht den Beamtenstatus (wie viele ihrer männlichen Kollegen). Nach der Machtergreifung der Nationalsozialisten im Jahr 1933 verlor sie aufgrund ihrer jüdischen Abstammung das Recht, an der Universität Berlin zu lehren, durfte aber als Ausländerin (sie war österreichische Staatsbürgerin) weiterhin am Kaiser-Wilhelm Institut forschen.

Lange Zeit schien sie die Gefahr für sich selber nicht zu erkennen und musste daher ohne jegliche Vorbereitungen im Juli 1938 (nach dem ›Anschluss‹ Österreichs an das Deutsche Reich im März desselben Jahres) von Deutschland über die Niederlande nach Schweden fliehen. Sie erhielt eine Assistenzstelle am Nobel-Institut in Stockholm, eine Stelle, die schlecht bezahlt war und die bei Weitem unter ihrer Qualifikation lag. Nach einer Gastprofessur in the USA im Jahre 1946 wurde sie 1947 endlich Forschungsprofessorin in Schweden und dann ein Jahr später auch schwedische Staatsbürgerin. 1960 zog sie nach Cambridge (Großbritannien), wo sie am 27. Oktober 1968 im Alter von 89 Jahren starb. Sie ist in Bramley (London) begraben und auf ihrem sehr schlichten Grabstein lässt sich folgende Inschrift finden: »Lise Meitner – a physicist who never lost her humanity« (Lise Meitner – eine Physikerin, die niemals ihre Menschlichkeit verlor.).

Entdeckung eines neuen Elements und der Kernspaltung

Im Jahre 1918 entdeckten Lise Meitner und Otto Hahn gemeinsam ein neues radioaktives Element: das Protactinium (vgl. Hahn & Meitner, 1918). Dieses Element taucht in der sogenannten Actinium-Zerfallskette von Uran (^{235}U) auf und ist langlebig. Uran zerfällt unter Aussendung eines Heliumkerns (Alphastrahlung) zu Thorium (^{231}Th) und Letzteres unter Aussendung eines Elektrons (Betastrahlung) zu Protactinium (^{231}Pa). Hahn und Meitner sagten eine Halbwertszeit (die Zeit, die eine Substanz braucht, um zur Hälfte zu zerfallen) des Protactiniums von zwischen 1.200 und 180.000 Jahren voraus. Tatsächlich wissen wir heute, dass der Wert bei ca. 32.000 Jahren liegt.

Ab 1934 begann Lise Meitner zusammen mit den Chemikern Otto Hahn und Fritz Strassmann Kernspaltungsexperimente durchzuführen. In diesen Experimenten wurden Uranium-Kerne mit Neutronen beschossen, und am 19. Dezember 1938 berichtete Otto Hahn in einem Brief an Lise Meitner, dass dabei Barium (^{141}Ba) gefunden worden sei, dass aber sowohl er als auch Fritz Strassmann keine Erklärung für dieses Ergebnis hätten.

Am 1. Januar 1939 antwortete Lise Meitner und berichtet, dass sie und ihr Neffe Robert Frisch, der sie zu dieser Zeit in Schweden besuchte und auch Physiker war, eine Erklärung gefunden hätten. Diese wurde im Februar 1939 in der angesehenen Zeitschrift *Nature* veröffentlicht (vgl. Meitner & Frisch, 1939).

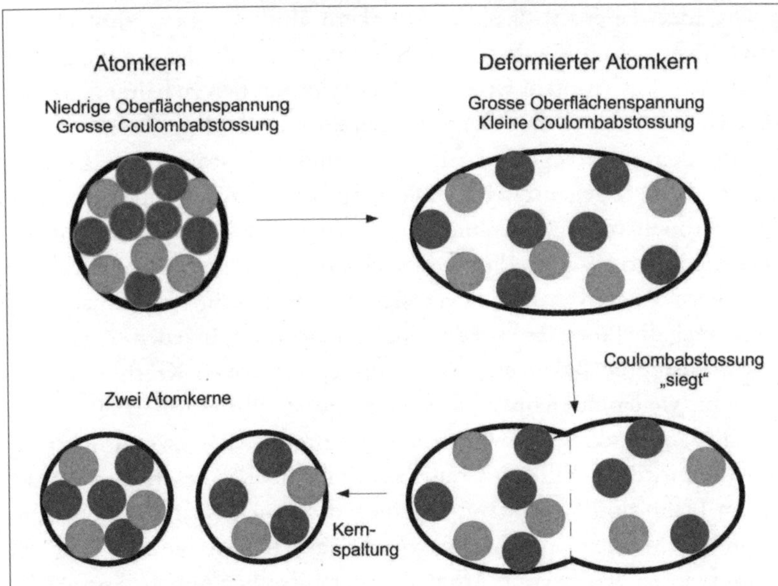

Abbildung 6: Die Kernspaltung erklärt mit Hilfe des Tröpfchenmodells

Meitner und Frisch benutzten das sogenannte ›Tröpfchenmodell‹, das 1930 vom Physiker George Gamow entwickelt worden war (vgl. Gamow, 1930). Da der Atomkern aus Neutronen und Protonen (den sogenannten *Nukleonen*) aufgebaut ist und Nukleonen selbst aus Quarks bestehen, ist ein exaktes physikalisches Modell für das Verhalten von schweren Atomkernen, also solchen die eine große Anzahl von Nukleonen enthalten, schwierig. Man braucht zur Beschreibung bis heute Modelle, die die Phänomene beschreiben, die aber nicht aus physikalischen Grundprinzipien hergeleitet werden können. Im Tröpfchenmodell wird der Atomkern wie ein elektrisch geladener Tropfen einer nicht-komprimierbaren Flüssigkeit betrachtet. Die elektrische Ladung stammt dabei von den positiv geladenen Protonen, während die Neutronen elektrisch neutral sind. Man kann in diesem Modell eine Formel für die Bindungsenergie pro Nukleon aufstellen (die sogenannte *Bethe-Weizsäcker-Formel* [8]), die ein Maß für die Stabilität des Atomkerns ist. Diese Formel benutzten Meitner und Frisch, um zu zeigen, wie die Nuklearkräfte und die elektrischen Kräfte im Falle des Zerfalls von Uran funktionieren (vgl. Abbildung 6).

Die Idee dabei ist, dass ein Atomkern ähnlich einem Flüssigkeitstropfen versucht, die Oberflächenspannung, also die Kräfte die an der Oberfläche des Tropfens wirken, so klein wie möglich zu halten. Normalerweise führt das zu einer kugelartigen Form. Allerdings befinden sich im Atomkern positiv geladene Protonen und diese stoßen sich laut dem Coulombgesetz gegenseitig ab. Diese Abstoßung führt zur Entfernung der Protonen voneinander und somit einer Deformation der Sphäre. Dies wiederum hat eine erhöhte Oberflächenspannung zur Folge, die der Atomkern wieder versucht zu verringern, indem er die Nukleonen (und somit auch die Protonen) wieder einander annähert. In jedem Atomkern gibt es also eine Balance zwischen diesen effektiven Kräften. Ist der Kern aus vielen Nukleonen zusammengesetzt, gibt es die Möglichkeit, dass die Coulomkraft ›gewinnt‹ und der Atomkern in zwei Atomkerne gespalten wird. Im Fall von Uran, das mit Neutronen beschossen wurde, hatten Hahn und Strassmann als einen der neuen Atomkerne Barium gefunden. Meitner und Frisch zeigten, dass dies energetisch möglich ist und sagten den zweiten Atomkern, der entstehen müsste, korrekt (!) voraus: Krypton (^{92}Kr).

Obwohl Lise Meitner somit unzweifelhaft den entscheidenden theoretischen Beitrag zum Verständnis des Experiments von Hahn und Strassmann lieferte, wurde der Nobelpreis in Chemie für die Entdeckung der Kernspaltung 1944 nur Otto Hahn zuerkannt. Lise Meitner erhielt im Laufe ihrer Karriere zahlreiche Preise (u.a. die Max-Planck-Medaille 1949 zusammen mit Otto Hahn und den Enrico-Fermi Preis 1966 zusammen mit Otto Hahn und Fritz Strassmann), die bedeutendste Auszeichnung auf dem Gebiet der Naturwissenschaften blieb ihr allerdings verwehrt. Bis heute wird darüber diskutiert, warum man sie schlichtweg ›übersah‹ und die Vermutung liegt nahe, dass dies aufgrund ihres Geschlechts geschah.

Gemeinsamkeiten

Obwohl Lise Meitner nie politisch aktiv war, stand sie zeitlebens für Pazifismus, Gleichheit und Gerechtigkeit ein. Als politische Aktivistin und Theoretikerin setzte sich Arendt mit der Wirkung des sogenannten ›nuclear age‹ im Kontext von Forschung und Gesellschaft auseinander. Besonders stellte sie die Leistungen der Wissenschaftler*innen (und so auch die von Lise Meitner) in den Vordergrund, aber auch deren kritisches Verhalten gegenüber dem beginnenden nuklearen Zeitalter wurde gewürdigt. Arendt formulierte eine Pflicht der Wissenschaftler*innen (auch in den Naturwissenschaften), gesellschaftspolitische Probleme stets mitzudenken (vgl. Rife, 2019, S. 56) – eine Pflicht, der Meitner durch ihre Weigerung, am Manhattan Projekt zur Entwicklung der Atombombe beizutragen, sicherlich entsprach. Meitner kritisierte das Verhalten ihrer Kolleg*innen während der Nazi-Zeit und weigerte sich, nach dem Krieg nach Deutschland zurückzukehren. Und dies obwohl man ihr eine akademische Position anbot und sie zunächst Schwierigkeiten hatte, sich an das neue Leben in Schweden zu gewöhnen, weil sie z.B. dort auch kein eigenes Labor besaß. Auch Hannah Arendt hatte, besonders nach der Berichterstattung über den Eichmann-Prozess in Jerusalem, einen schwierigen öffentlichen Stand. In ihrer Studie *Wir Flüchtlinge* beschreibt sie die Zeit der Emigration in die USA und die kritischen Perspektiven der Integration. Auch wenn Arendt nach dem Krieg für Besuche und Vorträge nach Deutschland reiste, so kehrte sie, genau wie Meitner, nicht mehr zurück, um dort zu leben. Beide Wissenschaftlerinnen nahmen also Verluste und mögliche Nachteile in ihren Universitätskarrieren in Kauf, indem sie auf ihren unterschiedlichen und doch sehr ähnlichen kritischen Perspektiven auf Politik und politisches Handeln beharrten. Es ist zu betonen, dass es heute zum Andenken an beide Wissenschaftlerinnen Begabtenförderung und Stipendien gibt, dass aber sowohl Meitner als auch Arendt nie eine ordentliche Professur in Deutschland innehatten.

Anzumerken ist zudem, dass beide Frauen zu Beginn der 1930er in Berlin lebten. Sie hätten sich also durchaus begegnen und austauschen können. Hannah Arendt floh schon früh aus Nazi-Deutschland. Wären die Frauen in Kontakt gewesen, hätte dies Lise Meitner vielleicht deutlicher erkennen lassen, welche Gefahr der Aufstieg Hitlers bedeutete – auch für sie als österreichische Staatsbürgerin. Vielleicht hätten sie dann bereitwilliger und frühzeitiger ihr Labor in Berlin verlassen und hätte sich schneller und geplanter ein neues Leben im Ausland aufbauen können. Leider ist aber nichts über einen Austausch bzw. eine Begegnung der beiden Frauen bekannt, sicherlich auch, weil beide in akademisch getrennten Disziplinen arbeiteten – die eine in der Philosophie, die andere in der Physik.

Quellen

Agamben, Giorgio: Homo Sacer. Die souveräne Macht und das nackte Leben. Frankfurt, Suhrkamp, 2002.

Arendt, Hannah: *Denken ohne Geländer*. Texte und Briefe. München, Piper, 2006.

Arendt, Hannah: *On Violence*. Boston, Mariner Books, 1970.

Arendt, Hannah: *Wir Flüchtlinge*. Stuttgart, Reclam. 2016.

Fölsing, Ulla: *Nobel-Frauen*, S. 146–156, Verlag C.H. Beck, München, 1990.

Gamow, George: *Mass defect curve and nuclear constitution*, Proc. Roy. Soc. A 126, S. 632–644, 1930.

Hahn, Otto & Meitner, Lise: *Die Muttersubstanz des Actiniums, ein Neues Radioaktives Element von Langer Lebensdauer*, Phys. Z. 19, S. 208–218, 1918.

Meitner, Lise: *Wärmeleitung in inhomogenen Körpern*, Dissertation Universität in Wien, 1906.

Meitner, Lise & Frisch, Otto: *Disintegration of Uranium by Neutrons: a New Type of Nuclear Reaction*, Nature 3615, S. 239–240, 1939.

Prinz, Alois: *Hannah Arendt oder die Liebe zur Welt*. Insel Verlag, 2013.

Rife, Patricia: *Lise Meitner and the Dawn of the Nuclear Age*, Plunkett Lake Press, 2019.

Zhang, Lili: *Hannah Arendt und das philosophische Denken*. Konstanz University Press, 2006.

Die Vordenkerinnen: Rosalind Franklin & Simone de Beauvoir

Physikerin: Rosalind Franklin

Die Biografie von Rosalind Franklin ist in vielerlei Hinsicht bemerkenswert. Dies liegt zum einem daran, dass sie ähnlich wie die im vorherigen Kapitel vorgestellte Physikerin Lise Meitner bei der Vergabe eines Nobelpreises vollkommen übersehen wurde, und andererseits daran, dass sie sehr früh (im Alter von 37 Jahren) an Krebs verstarb. Sie ist sicherlich eine der tragischen Figuren in der Geschichte der Wissenschaft.

Am 25. Juli 1920 in London in eine anglo-jüdische Familie der oberen Mittelklasse geboren, begann sie im Jahre 1938 das Studium der Chemie, Physik und Mathematik an der Universität Cambridge (Großbritannien) und trat dem Newnham College (einem reinen Mädchen-College) bei. Im Jahre 1941 schloss sie das Studium mit einem guten, aber nicht exzellenten Ergebnis ab (Second-Class Honours). Sie verließ zunächst den Weg einer akademischen Karriere und arbeitete von 1942 bis 1946 als Wissenschaftlerin für die *British Coal Utilisation Research Association* (BCURA), die sich vor allem mit der Erforschung der Eigenschaften von verschiedenen Kohlenstoffstrukturen beschäftigte. Mit ihrer Doktorarbeit zum Thema *The physical chemistry of solid organic colloids, with special reference to the structure of coal and related materials* promovierte sie 1945 an der Universität Cambridge. Daraufhin wurde ihr im Jahr 1947 eine Forschungsstelle am *Laboratoire*

Central des Services Chimiques in Paris (Frankreich) angeboten, wo sie sich vollständig auf Röntgenspektroskopie spezialisierte. Obwohl sie die Forschungsumgebung und das Leben in Paris sehr mochte, kehrte sie 1951 für eine Forschungsstelle am King's College London nach Großbritannien zurück. Dort trug sie maßgeblich zu der Entdeckung der DNA-Struktur bei, wechselte aber aufgrund von Differenzen mit Kollegen am King's College 1953 an das Birkbeck College London. Nachdem bei ihr im Jahr 1956 Eierstockkrebs diagnostiziert wurde, verstarb sie am 16. April 1958 im Alter von nur 37 Jahren.

Röntgenspektroskopie, Foto 51 und die Doppelhelix

Kohlenstoffatome können Kristallstrukturen bilden (z.B. Graphit und Diamant), und ein wichtiges Verfahren zur Untersuchung solcher Strukturen ist die Kristallspektroskopie[9], die mit Röntgenstrahlen arbeitet. Bei Röntgenstrahlen handelt es sich um elektromagnetische Wellen, deren Wellenlängen etwa dem Durchmesser eines Atoms entsprechen (1 Ångstrom = 10^{-10}m) und sich daher gut für dieses Verfahren eignen. Treffen Röntgenstrahlen auf die Elektronen, die sich im Atom befinden, findet eine sogenannte Thomson-Streuung statt – eine elastische Streuung der Röntgenstrahlen, d.h. die Wellenlänge der elektromagnetischen Strahlung ändert sich bei der Streuung nicht. Die Gesamtheit der Elektronen im Kristall führt dann zu einem Interferenzmuster, das charakteristisch für die Kristallstruktur ist. Rosalind Franklin entwickelte diese Techniken vor allem während ihrer Forschungstätigkeit in Paris und arbeitete dort weiter an der Struktur von Kohlenstoffverbindungen (vgl. Franklin, 1950).

Sie benutzte diese Techniken später auch in der Arbeitsgruppe von Maurice Wilkins am King's College London, die sich hauptsächlich mit der Struktur von Proteinen beschäftigte. Proteine sind große Biomoleküle, die aus Ketten von Aminosäure-Resten aufgebaut sind.

Nach dem Ende des zweiten Weltkriegs gab es eine Art Wettstreit, welche Forschungsgruppe die Struktur des heute am besten bekannten Biomoleküls – der DNA (im Deutschen auch häufig DNS (Desoxyribonukleinsäure)) – entschlüsseln könnte. DNA ist aus Nukleotiden aufgebaut, die im Fall der DNA aus einem der vier Nukleinbasen Adenin, Thymin, Guanin oder Cytosin sowie einem Phosphatrest und dem Zucker Desoxyribose bestehen. Die DNA enthält die Erbinformationen jedes Lebewesens (und spezieller Viren) und findet sich im Zellkern in der

Form einer Doppelhelix. Allerdings war dies vor Beginn der 1950er-Jahre nicht bekannt und Rosalind Franklin untersuchte die DNA mithilfe von Röntgenspektroskopie. Sie ging bei ihren Versuchen sehr gewissenhaft vor (20 DNA-Stränge zusammengenommen haben in etwa die Dicke eines menschlichen Haares) und stellte schnell fest, dass DNA in verschiedenen Formen vorliegen kann: der A- und der B- Form. Die A-Form hat eine kristallähnliche Struktur, liegt aber nur dann vor, wenn man Wasser entzieht. Die B-Form hingegen ist bei normaler Luftfeuchtigkeit vorhanden, ist weniger geordnet als die A-Form und zeigt die typische Doppelhelix, die wir heute kennen (vgl. Franklin & Gosling, 1953). Genau in dieser Studie taucht auch das berühmte ›Foto 51‹ auf, welches das Inferenzmuster der B-Form zeigt (vgl. Abbildung 7). Aus dem Interferenzmuster, das in diesem Foto zu sehen ist, lässt sich die Struktur der DNA herleiten, z.B. lässt sich ablesen, dass zehn molekulare Basiskomponenten pro Windung vorhanden sind. Außerdem besagt die Größe der Struktur, dass eine Windung etwa 34 Ångstrom =0.0000034 Millimeter lang ist Es ist genau dieses Foto, das der Leiter des Labors am King's College, Maurice Wilkins, den beiden Forschern Francis Crick und James Watson vom Cavendish Laboratory der Universität Cambridge ohne das Wissen von Rosalind Franklin zeigte. Crick und Watson, die bereits 1951 ein Modell entwickelt hatten, das Rosalind sofort als falsch erkannt hatte, entwickelten daraufhin das nun akzeptierte Modell der Doppelhelix, das sie 1953 in der angesehenen Zeitschrift *Nature* veröffentlichten. Anzumerken ist hier noch, dass bereits in

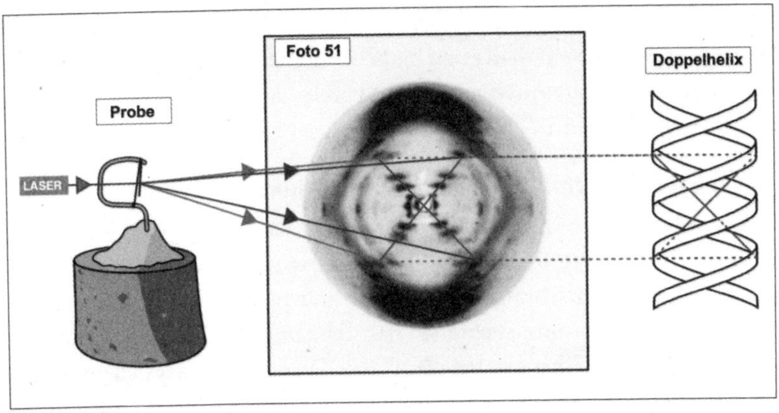

Abbildung 7: »Prinzip der Röntgenspektroskopie« am Beispiel des Fotos 51 (Mitte)

einem Medical Research Council Report, der im Jahre 1951 von Rosalind erstellt wurde, alle Daten sowie eine Skizze der Doppelhelixstruktur der DNA zu finden sind.

Der Nobelpreis und Frauenfeindlichkeit

Im Jahre 1962 wurde Francis Crick, James Watson und Maurice Wilkins für die Entdeckung der DNA-Struktur der Nobelpreis in Medizin verliehen. Man kann sicherlich anführen, dass dies nach dem frühzeitigen Tod von Rosalind Franklin geschah, allerdings ist bemerkenswert, dass sowohl Crick als auch Watson während ihrer jeweiligen Nobelpreisreden Rosalind Franklins Leistungen mit keinem Wort erwähnten. Dieses Verhalten passt zu dem Bild, das James Watson in seinem 1968 veröffentlichten Buch *Die Doppelhelix* von Rosalind Franklin zeichnete. Er schreibt dort:

> »Ich vermute, dass Maurice am Anfang gehofft hat, dass Rosy sich beruhigen würde. Doch eine bloße Untersuchung ließ vermuten, dass sie nicht so leicht einknicken würde. Ihre weiblichen Qualitäten betonte sie freiwillig nicht. Obwohl ihre Gesichtszüge kräftig waren, war sie nicht unattraktiv und hätte ziemlich umwerfend wirken können, wenn sie auch nur ein geringes Interesse an Kleidung gehabt hätte. Dies tat sie nicht. Kein Lippenstift stand im Kontrast zu ihrem glatten schwarzen Haar, während ihre Kleider im Alter von einunddreißig die ganze Fantasie englischer Heranwachsender mit blauen Strümpfen zeigten. Es war also ziemlich einfach, sich vorzustellen, dass sie das Produkt einer unzufriedenen Mutter war, die übermäßig betonte, dass eine berufliche Karriere, die kluge Mädchen vor der Ehe mit langweiligen Männern bewahren könnte, wünschenswert sei« (Übersetzung d. Hg.).

James Watson fiel auch später und bis heute immer wieder durch rassistische und frauenfeindliche Aussagen auf, die bereits im Jahre 2007 zur Aberkennung diverser Ehrentitel führten.

Das Tabakmosaikvirus und eine Weltausstellung

Während ihrer Forschungstätigkeit am Birkbeck College London, in der Zeit von 1953 bis zu ihrem Tod, konzentrierte sich Rosalind Franklin vor allem auf die Erforschungen von Viren und machte auch hier wichtige Entdeckungen. So untersuchte sie das Tabakmosaikvirus, ein Virus, das Tabak und andere Pflanzen befallen kann. Dieses Virus zeigt ebenfalls die Form einer Helix, ist aber eine Ribonukleinsäure (auch aus Nukleotiden aufgebaut) und besitzt nur einen Strang (vgl. Franklin, 1957). Diese Helix ist von einem sogenannten Kapsid umgeben, einer Art ›Verpackung‹, die aus Proteinen besteht und das Virus umgibt. Der Durchmesser dieser Struktur ist etwa 0.000015 Millimeter. Für die Weltausstellung des Jahres 1958, die in Brüssel (Belgien) stattfand, wurde Rosalind Franklin gebeten, ein lebensgroßes Modell anzufertigen. Leider erlebte sie diese Ausstellung nicht mehr.

Philosophin: Simone de Beauvoir

In aktuellen feministischen Diskursen gilt das Werk von Simone de Beauvoir als längst überholt, ihre Texte voller Stereotypisierungen. Im Jahre 2017 las die Autorin Julia Korbik aus ihrem Buch *Oh Simone! Warum wir Beauvoir wiederentdecken sollten* in einem kleinen Buchladen in Berlin und viele Zuhörer*innen griffen anschließend zum schwergewichtigen und nicht gerade leicht zu konsumierenden Buch *Das andere Geschlecht* und begannen noch im Laden zu lesen.

Was ist also von Simone de Beauvoir noch zu lernen?

Über Frauen

Auch wenn de Beauvoir zweifelsohne eines der einflussreichsten Werke des europäisch-weißen Feminismus verfasste, liest sich das Standardwerk, das so viele Konzeptionen anderer Autor*innen im Nachgang beeinflusste, heute weder als philosophisches noch als feministisch-aktivistisches Werk. Das Buch wirkt zuweilen abstrakt analytisch. De Beauvoir schreibt z.B. über Frauen in diesem Werk zumeist in der dritten Person. Dieser Ausschluss ihrer eigenen Person unter Einbeziehung ihrer eigenen Perspektive als ›Beobachterin‹ kann beim ersten Kontakt mit dem Buch etwas befremdlich wirken. Simone de Beauvoir betrachtete sich selbst nicht als Philosophin – ähnlich wie Arendt, aber doch aus anderen Gründen. Es sei Aufgabe des »Philosophen« – nur männliche Form – »ein großes System zu errichten« (de Beauvoir, 2000, S. 132), was sie selbst nach ihrer Auffassung nicht tat. De Beauvoir arbeitete als Lehrerin und vertrat ähnlich wie Arendt die Auffassung, dass ihr besonders die Zeit zum Schreiben gegeben sein müsse, um ein glückliches Leben zu führen. Eine akademische Position bekleidete sie daher nie.

De Beauvoirs Philosophie ist keine verkopfte Standard-Philosophie, sondern beschäftigt sich mit den praktischen Fragen der Welt: »Philosophie ist das Projekt, das betrachtet, was es heißt, ein Mensch zu sein« (de Beauvoir, 1975, S. 154). In ihrem Fokus steht jedoch nicht nur das Mensch-Sein an sich, sondern auch die gesellschaftlichen Zuordnungen zu einem sozialen Geschlecht. Sie formuliert den mittlerweile weltberühmten Satz »Man wird nicht als Frau geboren – man wird dazu gemacht« (ebd., S. 334) und konstituierte so eine der zentralen Grundlagen der Geschlechterforschung wie auch der landläufigen Sicht auf Geschlechter und Geschlechtszugehörigkeiten – eine Perspektive, an die Judith Butler in ihrem Buch *Gender Trouble* viele Jahre später anknüpfen wird (vgl. Kapitel V. 6).

De Beauvoirs Theorie versucht, die Situation der Frau zu er- und begründen und in ihren Facetten zu beschreiben, ohne dabei auf Stereotypisierungen zurückzugreifen. Im Zentrum steht die Frage, was das Weibliche ausmacht und ob es ›das Ewigweibliche‹ gibt, das alle Frauen angeblich miteinander verbindet. Um Antworten auf diese Fragen zu finden, betrachtete sie Erkenntnisse aus der Biologie, untersuchte psychoanalytische Standpunkte sowie die Sichtweisen des Materialismus und kam schließlich zu der Erkenntnis, dass das konkrete Leben von Frauen Mittelpunkt stehen müsse, denn: » […] wir sind soziale Wesen« (Interview mit Alice Schwarzer in: *Emma*, März 1997). Der Mythos des ›einen Weiblichen‹ wird von de Beauvoir entlarvt und als Kategorie außer Kraft gesetzt. Jede Verallgemeinerung in Bezug auf Frauen wird abgelehnt, alles, was bis dato über Frauen geschrieben wurde, gilt nicht länger als unhinterfragbar (vgl. de Beauvoir, 2000, S. 326). Sie schreibt in *Das Andere Geschlecht*: »Es existiert keine scharfe biologische Trennung zwischen den Geschlechtern« (ebd., S. 492), und eröffnet damit eine Perspektive, die noch heute in der Diskussion um Inter- und Transsexualität von wesentlicher Bedeutung ist. Ähnliches gilt im Hinblick auf das soziale Geschlecht: Nach Beauvoir sollten Menschen an ihren Handlungen gemessen werden, nicht an ihrer geschlechtlichen Zugehörigkeit (ebd.). Auch hier erweist sie sich als sehr moderne Denkerin und öffnet einen gedanklichen Raum, der beispielsweise nicht-binäre Personen problemlos integrieren könnte.

Männer-Normen, Männer-Welt

In der heutigen Welt wird vom *Gender Data Gap* gesprochen, der belegt, in wie vielen Punkten Frauen und weiblich sozialisierte Personen gesellschaftlich in Infrastruktur, Medizin und Sicherheitsfragen strukturell benachteiligt werden. Eine vom Patriarchat geprägte Gesellschaft stellt den Mann in den Mittelpunkt, macht ihn zur Norm. Simone de Beauvoirs *Das andere Geschlecht* erweist sich in diesen Fragen als überaus zeitgemäß. De Beauvoir schreibt über die Norm, die der Mann verkörpert: »Er ist das Subjekt. Er ist das Absolute. Sie ist das Andere« (ebd. 324 f.). Da der Mann, wie de Beauvoir festhält, als Normalfall betrachtet wird, erscheint die Welt als für den Mann optimal eingerichtet (vgl. ebd.). Es ist sehr spannend zu betrachten, wie ein Buch, das 1949 verfasst wurde, an dieser Stelle nichts an Aktualität eingebüßt zu haben scheint. De Beauvoir beschreibt die Frau als in ihre normierte Hausfrauenrolle gezwungen – eine Rolle, die die Entfaltungsmöglichkeiten des Subjekts Frau nachhaltig beschneidet und ihr Handeln in die Schranken weist: »Für eine große Zahl von Frauen sind die Wege der Entwicklung versperrt; weil sie nichts tun, machen sie sich zu nichts, was sie sind« (de Beauvoir, 2000, S. 342). De Beauvoir prangert mit dieser Beobachtung die traditionelle Rolle der Frau an. »Nichts tun« beschreibt hier natürlich nicht wirklich ein Nichts, sondern umschließt viele Aufgaben wie z.B. Care-Arbeiten, die nicht direkt zur persönlichen Weiterentwicklung der Frau beitragen, sondern sie durch verminderte Bildungschancen und finanzielle Abhängigkeit einschließen und ihr die Luft zum Atmen nehmen. De Beauvoir schreibt:

> »Was nun Frauen in einzigartiger Weise definiert, ist, dass sie sich – obwohl wie jeder Mensch eine autnome Freiheit – in einer Welt entdeckt und wählt, in der die Männer ihr vorschreiben, die Rolle des Anderen zu übernehmen; sie soll zum Objekt erstarren« (de Beauvoir, 1992, S. 25).

Die Rolle, die der Frau zugeschrieben wird, umschreibt bei Beauvoir eine kulturell geprägte Position. Geschlechterrollen stecken, folgen wir de Beauvoir, in allen Lebenserfahrungen und sind präsent in Religion, kulturellen Praxen und Bräuchen sowie in Institutionen. und genau diese Institutionen sind es, die durch die Verbreitung von Stereotypen wesentlichen Anteil an der Zementierung der Geschlechterrollen haben. Viele Menschen fragen sich, wo das ›Problem‹ in der Zuschreibung von Geschlechterrollen liegt, und tatsächlich kann man behaupten, dass das Problem nicht die Bezeichnungen als solches sind, sondern alle Informationen, die sich über Jahrhunderte in ihnen gespeichert haben. Stellen wir uns die Geschlechterrolle ›Frau‹ wie einen Schwamm vor: In diesem Begriff haben sich über die Jahrhunderte seiner Verwendung viele Bedeutungen gesammelt, die wir heute bei Weitem nicht als zeitgemäß beschreiben würden. Es ist jedoch schwer, Gewohnheiten zu überwinden. So ist es auch schwer, sich von der vermeintlich naturgegebenen gesellschaftlichen Ordnung zu verabschieden, die durch die Aufrechterhaltung von Geschlechterstereotypen suggeriert wird. Der Mann als ›finanzieller Versorger‹, die Frau als ›emotionale Versorgerin und Haushälterin‹. Für de Beauvoir sind die normstabilisierenden Handlungen das zentrale Problem (vgl. ebd. S. 78), ein Aspekt, den später auch Butler aufgreifen wird. Die geschlechtsspezifische Sozialisation ist ein Konstrukt, doch was Frauen und Männer sind, wie sie sich kleiden, sprechen und sich verhalten dürfen, prägt schon seit vielen Generationen die Erziehung von Jungen und Mädchen. Auch wenn bis heute diesbezüglich schon einiges in Bewegung zu sein scheint und z.B. in vielen Kindertageseinrichtungen auf geschlechtergetrenntes Spielzeug verzichtet wird und bei jeder Stellenausschreibung angeblich Frauen mit ›ähnlichen Qualifikation‹ bevozugt behandelt würden, ist immer noch eine Menge zu tun – und der Backlash lauert an jeder Ecke – oder in rosa und blauen Überraschungseiern. Selbst wenn die Erziehungspersonen reflektiert genug sind, nicht in diese Falle zu tappen und dem Kind ein freies Aufwachsen zu ermöglichen versuchen, so wachsen Kinder nicht im luftleeren Raum auf. Ihr Alltag wird wesentlich von Institutionen mitgestaltet, in denen untergründig oft die veralteten Rollenbilder und Stereotype in Schulbüchern und Peer-Groups weiterexistieren. De Beauvoir stellt in diesem Zusammenhang immer wieder die Position von mächtigen Männern heraus und verweist darauf, dass die Gesellschaft sich an deren Werten orientiert, nicht an denen der Anderen – der Frau. Es sind nicht (nur) einzelne Männer, die das System nutzen, um Frauen zu unterdrücken, es ist vielmehr die Struktur der Gesellschaft, die auf männliche Bedürfnisse ausgerichtet ist, die die Frauen unterdrückt. De Beauvoir vergleicht Frauen mit der Puppe, die sie als Mädchen bekommen hat. Auch wenn die übliche Überlegung wäre, dass Mädchen Puppen geschenkt bekommen, um sich in die Rolle der Mutter einzufinden, so zeigt sich an dieser Stelle für de Beauvoir ein anderer Zusammenhang. Die Puppe beschreibt den Sozialisationsprozess der Frau in drei wesentlichen Komponenten. Zunächst sei es die Aufgabe einer Puppe ›hübsch‹ auszusehen, die Bewertung ihrer Schönheit beziehungsweise ihres Aussehens habe sie aber letztlich nicht selbst zu entscheiden – eine Puppe wird angezogen und unterliegt damit den Standards einer externen betrachtenden Person. Für de Beauvoir spiegelt dies die Realität von Frauen, die in ihrer Bewertung von äußeren Kriterien abhängen. Und auch hier ist es nicht allein der ›Partner‹ oder Ehemann, der das Aussehen der Frau aufgrund persönlicher Vorlieben bewertet, sondern die Bewertung unterliegt einem gesamtgesellschaftlichen Paradigma. Dabei spielen Institutionen wiederum eine wesentliche Rolle, vor allem die Mode-, Sport-, Kosmetik-, und Diätindustrie, die Frauen jederzeit daran erinnern, dass sie den gesellschaftlichen Normvorstellungen von Schönheit und Attraktivität niemals gerecht werden können. Sie befinden sich damit in einem permanenten fremdbestimmten Kampf um Anerkennung. Der zweite Unterdrückungsmechanismus, dem die Frau –äquivalent zur Puppe – unterliegt, ist die mal versteckt, mal offen vorgetragene Forderung, die Wünsche (ihres Besitzers) zu erfüllen und still zuzuhören. Auch hier zeichnet de Beauvoir das düstere Bild einer Frau, die dazu da ist, die Wünsche ihres Partners und ihrer Familie stets über ihre eigenen zu stellen und diesen Zustand stillschweigend zu akzeptieren. Die Tatsache, dass eine Frau nicht ihre eigene Geschichte erzählen darf, dass für sie kein Raum in der Geschichte existiert, zeigt sich überdeutlich an den Wissenschaftlerinnen, deren großen und oft ungehörten Erfolge wir in diesem Buch thematisieren. Mittels der Bewertung von außen und des Nicht-gehört-Werdens wird die Frau laut de Beauvoir zum Objekt gemacht und erhält in der Folge weniger Rechte und damit auch weniger gesellschaftlichen Einfluss (vgl. Beauvoir, 1992, S. 89 ff.). Das einzige, was Frauen gegen diese Art von Objektifizierung tun können, ist, ihre Positionierung in der Gesellschaft als konstruiert und nicht als naturgegeben zu verstehen – nur auf dieser Basis ist es nach de Beauvoir möglich, effektiven Wandel herbeizuführen.

De Beauvoir und MeToo

Bis heute gilt de Beauvoir als eine sehr wichtige Vertreterin der feministischen Bewegung in Europa. Besonders im Kontext der #MeToo-Kampagne, bei der Millionen von Frauen – angestoßen durch die Initative der afroamerikanischen Aktivistin Tarana Burke – ihre Erlebnisse von sexuellen Übergriffen, Missbrauch und Gewalt über Social Media öffentlich machten, sind die Ausführungen von de Beauvoir sehr interessant. De Beauvoir beschreibt selbst einen sexuellen Übergriff, den sie als Kind erlebte und aus dem sie fliehen konnte, in ihren Memoiren *Tochter aus gutem Hause* (1958). Sie beschreibt, dass dieser Vorfall sie in der Retrospektive davon überzeugt hat, dass das, was sie erlebte, kein Einzelfall war, sondern eine kollektive Erfahrung ist, und das dementsprechend auch nur in kollektiver Weise darauf geantwortet werden könne.

Ein zentrales Problem sei durch die Geschichte hindurch, dass Frauen, die sich ihrer eigenen Sexualität bewusst gewesen seien und diese auslebten, unterdrückt, verfolgt und ermordet worden seien, wie z.B. bei den sogenannten Hexenverbrennungen. Gleichzeitig aber habe die männlich geprägte Gesellschaft die Vorstellung einer ›jederzeit verfügbaren Frau‹ forciert. Dieser Widerspruch zwischen der Verdammung weiblicher Sexualität und der Sexualisierung und Objektifizierung durch den Mann wurde gesellschaftlich eingeebnet, indem die Übergriffe von Männern, sei es zu Hause, am Arbeitsplatz oder in der Öffentlichkeit, als von den Frauen selbst herbeigeführt imaginiert wurden. De Beauvoir sah das volkommen anders, für sie liegt die Schuld für den vielgestaltigen Missbrauch und die gesellschaftliche Ungleichheit allein bei den Männern (vgl. ebd. 143). De Beauvoir hätte die MeToo-Bewegung als Katalysator verstanden, als eine Möglichkeit, Erfahrungen zu teilen und öffentlich Gehör zu finden.

Zusammenfassend soll an dieser Stelle – besonders im Kontext der aktuellen Debatten um den Gender Pay Gap, den Gender Data Gap sowie die Beteiligung von Vätern an Kindererziehung und Haushaltsaufgaben – gesagt sein, dass de Beauvoirs Bücher pointierte Beobachtungen und Erfahrungen formulieren, die noch heute helfen können, die Geschichte der feministischen Kämpfe zu verstehen und die Desiderate der Zukunft anzuvisieren.

Gemeinsamkeiten

Rosalind Franklin lebte von 1947 bis 1951 in Paris und war begeistert von der französischen Lebensweise, die sie als deutlich weniger restriktiv als die englische empfand. Sicherlich spürte sie das intellektuelle Klima in Paris, das Simone de Beauvoir (und andere Existentialist*innen) mitgeprägt hatte. Simone der Beauvoir traf sich häufig mit anderen Philosoph*innen, Maler*innen und Schriftsteller*innen zu Diskussionen in Pariser Cafés, und dies hätte eine Möglichkeit zum Austausch mit Rosalind Franklin sein können. Es ist allerdings auch in diesem Fall nicht bekannt, ob die beiden sich je trafen, aber es ist zu vermuten, dass zumindest Rosalind Franklin von Simone de Beauvoir wusste. Obwohl Rosalind in ihrem kurzen Leben nie offen für Frauenrechte eintrat, verkörperte sie doch das Bild einer unabhängigen und selbstbewussten Frau, die trotz aller Schwierigkeiten und Anfeindungen ihren Weg beschritt.

Ein Austausch wäre für beide Seiten sehr interessant gewesen, hätte Rosalind doch über ihren Lebensweg als Wissenschaftlerin berichten können, während Simone de Beauvoirs Ansichten zum Feminismus vermutlich Anklang bei Rosalind gefunden hätten. Wie im Fall von Hannah Arendt und Lise Meiter ist zu vermuten, dass ein solcher Austausch nicht stattfand, weil Naturwissenschaftlerinnen und Philosophinnen in akademisch und gesellschaftlich getrennten Kreisen agier(t)en und sich – bis heute – selten in Netzwerken zusammenschließen.

Quellen

de Beauvoir, Simone: *Das andere Geschlecht. Sitte und Sexus der Frau.* Rowohlt, 2000.

Ford, Michael: *Rosalind Franklin (A Life Story)*, Scholastic, 2020.

Fössing, Ulla: *Nobel-Frauen*, S. 165–173, Verlag C.H. Beck, München, 1990.

Franklin, Rosalind: *Influence of the Bonding electrons on the scattering of X-rays by Carbon*, Nature 165, S. 71–72, 1950.

Franklin, Rosalind & Gosling, R. G.: *Molecular configuration in Sodium Thymonucleate*, Nature 171, S. 740-741, 1953.

Franklin, Rosalind: *Structure of Tobacco Mosaic Virus*, Nature 175, S. 379–381, 1957.

Maddox, Bernda: *The double helix and the ›wronged heroine‹*, Nature 421, S. 407–408, 2003.

DNA-Secret of Photo 51, Documentary PBS Nova, 2003; https://www.pbs.org/wgbh/nova/photo51/

Auf der Straße und im Kosmos: Angela Davis & Vera Rubin

Philosophin: Angela Davis

1965 lernte Angela Davis den renommierten Politikphilosophen Herbert Marcuse kennen, der sie als eine seiner begabtesten Studierenden bezeichnete. Später studierte sie bei Theodor W. Adorno und begann kurz nach ihrem Master als Assistenzprofessorin an der University of California in Los Angeles zu arbeiten. Noch im selben Jahr wurde sie aufgrund ihres Aktivismus in der Schwarzen Bürger*innenrechtsbewegung und ihrer Mitgliedschaft im Che-Lumumba-Club (einer Schwarzen Fraktion der Kommunistischen Partei in Los Angeles) von Gouverneur Ronald Reagan entlassen. Aufgrund von Protesten ihrer Studierenden erhielt sie die Stelle zwar kurzfristig zurückerhielt, doch nur ein Jahr später wurde sie ihr auf Basis von vorgeschobenen Gründen erneut entzogen (vgl. Davis, 1975, S. 76). Als Schwarze und homosexuelle Wissenschaftlerin hätte Davis der alten, weißen, cis-männlichen Professorenschaft an ihrer Alma Mater wahrscheinlich schlaflose Nächte bescheren können. Hätte sie mit ihrem Aktivismus und ihrer rassismuskritischen Perspektive für einen großen Teil ihres Lebens eine ordentliche Professur in Philosophie bekleiden können, hätte das womöglich die Konzeptionen der anglophonen, westlichen Philosophiegeschichte für immer verändern können. Die Tatsache, dass sie seit 1992 Professorin für *History of Consciousness* an der University of California in

Santa Cruz ist, zeigt, dass es sich lohnt, Institutionen zu verlassen, um diese an anderer Stelle von innen neu zu gestalten. Außerdem wurde mit ihrer Berufung Reagan im Nachhinein Lügen gestraft, da er versprochen hatte, Davis niemals mehr an einer amerikanischen Universität lehren zu lassen (vgl. Davis, 1975, S. 134).

Philosophie als Aktivismus

Die Erkenntnisse der politischen Philosophie bzw. die von Marcuse und Adorno formulierten Perspektiven auf kritische Theorie nicht nur am Schreibtisch zu verhandeln, sondern sie unmittelbar in Aktivismus auf die Straße zu übersetzen, könnte eins der zentralen Motive für Angela Davis gewesen sein, sich 1970 gegen den Abschluss der Promotion zu entscheiden und sich stattdessen der sich zuspitzenden Kämpfe der Schwarzen Bürgerrechtsbewegung anzuschließen. Bis heute arbeitet Davis an der intersektionalen Kombination aus Fragen von gender, race und class und sieht in den unterschiedlichen Unterdrückungsformen Bezüge zueinander. Daraus entwickelt sie gesellschaftskritische Perspektiven, die sich stets an der unmittelbaren Aktualität orientieren (vgl. Davis, 1983, S. 46). Eine zentrale Untersuchung, die Davis bis heute aktivistisch begleitet, ist die Frage danach, inwiefern die gesellschaftliche Institution des Gefängnisses nicht einzig und allein dazu dient, Rassismen, Klassismen und Sexismen fortzuschreiben. Besonders an der Fragestellung »Are prisons obsolete?« (2003) zeigt sich, dass es Davis nicht um theoretische Gedankenspiele geht. Vielmehr nimmt sie ihr Leser*innen mit in konkrete, aktuelle Auseinandersetzungen. Diese mit großer Klarheit formulierte Frage besitzt die Kraft, die Rezipierenden direkt zu adressieren und deren vermeintlich ethischen, doch letztlich unterdrückenden Denk- und Klassifizierungsmuster, die sie aufgrund von Erziehung und Schulbildung mitbringen, kritisch zu hinterfagen.

Davis Engagement, das in den 1970er-Jahren mit der Schwarzen Bürgerrechtsbewegung beginnt, setzt sie heute unmittelbar im Kontext der *BlackLivesMatter*-Bewegung fort. In Diskussionsrunden mit den Begründer*innen der BlackLivesMatter-Bewegung verwies sie wiederholt darauf, wie zentral die Arbeit ist, die Aktivist*innen heute in Theorie und Praxis nutzen, um auf ihre marginalisierten Positionierungen zu verweisen und sich Gehör zu verschaffen. Die Betrachtung der Verschränkung zwischen verschiedenen Differenzlinien ist dabei für Davis das entscheidende Element. 2017 wurde sie eingeladen, gemeinsam mit Judith Butler auf einem Panel über Ungleichheit zu sprechenDie Debatte wurde jedoch nicht nur theoretisch geführt, sondern zunächst wurde erst einmal der Raum, in dem die Veranstaltung stattfand, anhand seiner Ausschluss-reproduzierenden Funktionen analysiert und darauffolgend praktisch dekonstruiert: Dies reichte von der Suche nach einer zertifizierten Übersetzer*in für Gebärdensprache über die Frage einer alternativen Platzverteilung an ältere/kranke Personen bis hin zur Überwindung der räumlichen Barrieren für beeinträchtigte Personen, die kurzerhand in den nicht behindertengerechten Raum getragen wurden. Ungleichheit da anzuprangern, wo sie entsteht, das ist Ziel von Angela Davis' Theorie und Aktivismus.

Und diese Perspektive verkörpert sie bis zum heutigen Tag. Im Jahre 2018 besuchte z.B. Carla Schriever zusammen mit ihrem Vater einen Vortrag von Angela Davis. Dem Vater, der Davis 1970 auf einem Podium in Berlin hatte sprechen hören, erschien es, als sei die Zeit an ihr – und den Fragen, die alle im Raum betrafen – spurlos vorübergegangen. Mitten im Vortrag stellte eine Person aus dem Publikum eine Frage zur Situation der Flüchtlinge in Griechenland. Sie unterbrach ihren Vortrag, hörte aufmerksam zu und bedankte sich dafür, eine weitere Perspektive in die Konzeption des Vortrags integrieren zu dürfen. So kann Philosophie als gelebter politischer Aktivismus aussehen.

Philosophie und BlackLivesMatter

Davis ist zum Symbol der Bürgerrechtsbewegung in den 1970er-Jahren geworden. In einem Interview stellte sie fest, dass sie lediglich Glück gehabt hätte, als eine der wenigen Kämpfenden überlebt zu haben. Ihr Überleben ordnete sie schlicht als Zufall ein. Außerdem beschreibt sie in ihrer Autobiografie, dass der Ruhm, der ihr zuteilwurde, sie lange eingeschüchtert habe. Lange sorgte sie sich darum, ob sie dem Bild, das die Medien von ihr zeichneten, und den Ansprüchen der Community gerecht werden könnte, bis sie für sich entschied, dass sie genau das nicht musste. Das Bild einer Ikone, das ihr angeheftet wurde, galt nicht ihr als Individuum, sondern der gesamten Bewegung.

Ähnlich wie zu der Schwarzen Bürgerrechtsbewegung in den 1960er-Jahren, befinden wir uns Davis zufolge heute in einer Zeit der Transformation. Menschen nutzen ihre Chance und die Macht der digitalen Medien, um sich gegen rassistische Polizeigewalt und strukturellen Rassismus zur Wehr zu setzen. Davis versteht die BlackLivesMatter-Bewegung jedoch nicht nur als einfache Fortsetzung der Schwarzen Bürger*innenrechtsbewegung, sondern sieht darin eine generationsübergreifende Aufgabe, bei der die Protestierenden von dem Wissen der Generationen vor ihnen profitieren können und die kollektive Sehnsucht nach Frieden und Gerechtigkeit neue Formen annehmen kann. Dabei ist es von großer Bedeutung, dass die Aktivist*innen ihre Arbeit tun, auch wenn die öffentliche Anerkennung dafür noch Jahre dauert, und dass sie sich selbst nicht als Einzelakteur*innen verstehen, sondern als Teil einer solidarischen Gemeinschaft (2017). Laut Davis könnte die BlackLivesMatter-Bewegung dazu führen, dass in Zukunft anders mit Rassismus und Polizeigewalt umgegangen wird – vor allem was die staatliche Verantwortlichkeit an dieser Stelle betrifft. Individuelle Polizeibeamt*innen sollten für rassistische Taten zur Verantwortung gezogen werden und auch rechtliche Konsequenzen zu spüren bekommen. Dass ihre Übergriffe durch Social Media mittlerweile in einer ganz anderen Form dokumentiert werden könnten, führe zu einer neuen Öffentlichkeit und sensibilisiere viele Menschen für das Problem. Für Davis ist zentral, dass die angesprochene Veränderung sich nicht auf die politische Ebene beschränkt, auch wenn sie dort beginnen sollte. Vielmehr müsste es auch eine ökonomische und soziale Veränderung geben, die die Lebensumstände der Schwarzen und PoC-Communitys in den USA und weltweit maßgeblich verbessert. Das bedeutet auch, dass die Diskriminierung am Arbeitsplatz strenger bestraft werden müsste. Vor diesem Hintergrund vermutet Davis, dass die BlackLivesMatter-Bewegung unmittelbar zu der Frage führt: Wie soll Gerechtigkeit in der Zukunft aussehen und gelebt werden? Und auf diese Frage versucht sie im Sinne einer globalen Herausforderung Antworten zu finden.

Physikerin: Vera Rubin

Vera Rubin wurde am 23. Juli 1928 als Vera Cooper in Philadelphia (USA) geboren. Ihre Eltern waren osteuropäische, jüdische Immigranten und so wuchs sie in weniger privilegierten Verhältnissen auf. Im Jahr 1948 machte sie einen Bachelor-Abschluss in Astronomie am Vasser College (einem reinen Mädchencollege) im Staat New York und heiratete kurz darauf (im Juni 1948) Robert Rubin. In den folgenden Jahren bekam sie zwei Kinder (Sohn David 1950 und Tochter Judith 1952), machte einen Masterabschluss an der Cornell University, New York (1951) und promovierte 1954 an der Georgetown University in Washington D.C.

Nach einer einjährigen Lehrtätigkeit am Montgomery Junior College wurde sie 1955 Forschungsassistentin und schließlich 1959 Lecturer an der Georgetown University. 1956 und 1960 brachte sie zwei weitere Söhne (Karl und Allan) zur Welt. Von 1962 bis 1965 hatte sie eine Assistenzprofessur an der Georgetown University inne, bis sie im Jahr 1965 eine Forschungsstelle am Carnegie Institute of Science in Washington D.C. antrat.

Am 26. Dezember 2016 verstarb Vera Rubin im Alter von 88 Jahren.

Rotationskurven und Dunkle Materie

Bereits im Kindesalter interessierte sich Vera für Astronomie und so spezialisierte sie sich im Laufe ihrer wissenschaftlichen Karriere auf die Beobachtungen von sogenannten Spiralgalaxien mithilfe von Spektroskopie. Spiralgalaxien besitzen meist einen zentralen, kugelförmigen Bereich, in dem sich alte Sterne befinden. Von diesem zentralen Bereich ausgehend zeigen sich mehrere Spiralarme, die von der Seite betrachtet in einer scheibenähnlichen, flachen Struktur zu liegen scheinen. In dieser Scheibe befindet sich viel Gas, sodass dort viele neue Sterne entstehen können. Unsere eigene Galaxie, die Milchstraße, ist eine solche Spiralgalaxie und die Sonne befindet sich in dem äußeren Bereich eines der Spiralarme.

Vera Rubin untersuchte zunächst die der Milchstraße nächstgelegene Spiralgalaxie, die Andromedagalaxie, die etwa 2,5 Millionen Lichtjahre entfernt liegt (vgl. Rubin & Ford, 1970). Kent Ford hatte einen Spektrografen entwickelt, mit dem die beiden Forscher*innen Spektren von 67 H-II Regionen im Zentrum der Andromedagalaxie erstellten. H-II Regionen sind Regionen, die ionisierten Wasserstoff (H= hydrogen=Wasserstoff) enthalten. Da sich in diesen Regionen die Elektronen nicht auf dem niedrigsten, sondern auf höheren Energieniveaus innerhalb des Atoms befinden, können beim ›Herunterfallen‹ von Elektronen von einem höheren zu einem niedrigen Energieniveau Photonen (Licht) ausgesendet werden, deren Energie genau der Differenz der Energie der beiden Niveaus entspricht. Rubin und Ford benutzen hier hauptsächlich die H-alpha-Linie, die eine Wellenlänge von 656 Nanometern hat (Wellenlänge von rotem Licht) und ausgesendet wird, wenn das Elektron des Wasserstoffs von dem dritten in das zweite Energieniveau fällt, wobei das erste Niveau dem niedrigsten Energiezustand entspricht. Nun rotieren Spiralgalaxien um eine Achse, sodass sich, wenn man die Galaxie von der Seite betrachtet, sich eine der beiden Seite auf die Beobachter*innen zubewegt, während die andere sich wegbewegt (welche sich nähert oder entfernt hängt natürlich davon ab, in welche Richtung die Galaxie rotiert).

Dies führt zu einem Phänomen, das sich *Dopplerverschiebung* nennt, und ist den meisten Menschen im Fall von Schallwellen bekannt: bewegt sich ein Auto mit Sirene auf einen Beobachter zu, klingt der Ton höher (die Wellenlänge wird kleiner), während der Ton tiefer zu sein scheint, wenn sich das Auto von einem Beobachter wegbewegt (die Wellenlänge wird größer). Etwas Ähnliches passiert bei Licht: H-alpha-Linien, die von dem auf uns zukommenden Teil der Galaxie ausgesendet werden, erfahren eine Blauverschiebung, während die vom sich wegbewegenden Teil ausgesandten H-alpha-Linien rotverschoben werden. Diese Verschiebung der Spektrallinien ist also eine Möglichkeit, die Rotationsgeschwindigkeit der Galaxie festzustellen. Rubin und Ford untersuchten H-II-Regionen in verschiedenen Abständen vom galaktischen Zentrum und konnten somit Kurven erstellen, die die Rotationsgeschwindigkeit der Galaxie in Abhängigkeit von der Entfernung vom Zentrum der Galaxie darstellen. Nach der Andromedagalaxie untersuchten sie weitere zehn Spiralgalaxien und stell-

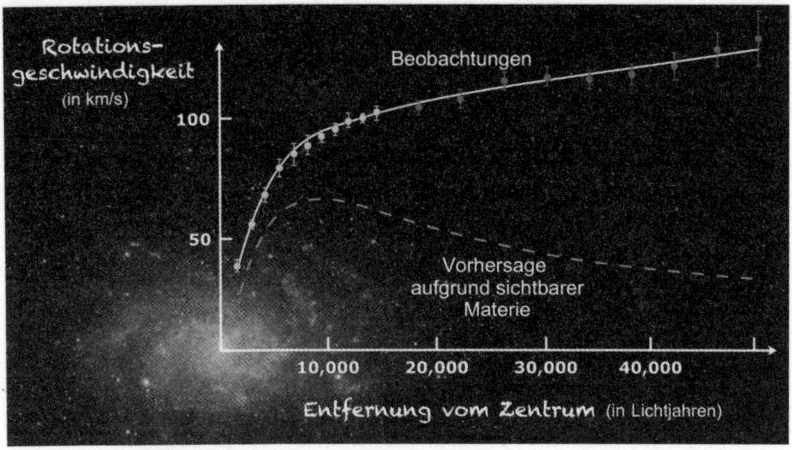

Abbildung 8: Typische Rotationskurve einer Spiralgalaxie

ten fest, dass (anders als erwartet) die Rotationskurven eine fast konstante Geschwindigkeit über große Distanzen in den Spiralarmen aufwiesen (vgl. Rubin & Ford & Thonnard, 1978). Warum ist dies bemerkenswert? Der Grund ist, dass die Betrachtung einer Spiralgalaxie vermuten lässt, dass der Großteil der Masse der Galaxie in seinem Zentrum zu finden ist und dass folglich die Rotationsgeschwindigkeit mit wachsendem Abstand vom Zentrum abfallen müsste (vgl. Abbildung 8). Dies folgt aus dem universellen Gravitationsgesetz von Newton[10]. Der Beobachtung von Vera Rubin und ihren Kollegen ist es zu verdanken, dass man begann, die Idee der *Dunklen Materie*, die Fritz Zwicky bereits im Jahre 1933 im Zusammenhang mit Galaxienhaufen äußerte, ernst zu nehmen. Unter *Dunkler Materie* versteht man eine Form von Materie, die – anders als ›normale‹ Materie – eine Gravitationswirkung hat, aber nicht mithilfe von elektromagnetischer Strahlung (zu der Licht, Röntgenstrahlen, Mikrowellen, Radiowellen etc. gehören) detektiert werden kann. Heute haben wir eine Reihe von Beobachtungen (auf verschiedenen Skalen), die bestätigen, dass etwa 25 % der gesamten Energiedichte im Universum aus Dunkler Materie besteht. Die ›flachen Rotationskurven‹, die Vera Rubin erstellte, sind aber bis heute die überzeugendste und am besten dokumentierte Indikation für Dunkle Materie. Vera Rubin wurde deshalb häufig als Kandidatin für einen Nobelpreis gehandelt, erhielt diesen Preis aber nie.

Frauen in der Wissenschaft

Vera Rubin machte im Laufe ihrer Karriere mehrfach Erfahrungen mit Diskriminierung aufgrund ihres Frauseins (vgl. Mitton & Mitton, 2021). Als sie z.B. während eines College-Vorstellungsgesprächs erwähnte, dass sie sich für Astronomie interessiere, schlug ihr der Interviewer vor, sie solle doch lieber astronomische Objekte malen, als sie zu beobachten. Als sie sich für das Postgraduate-Programm in Astronomie an der Universität Princeton bewarb, wurde sie aufgrund ihres Geschlechts abgelehnt (Princeton nahm erst ab Mitte der 1970er Frauen in dieses Programm auf). Schließlich wurde ihr zunächst nicht erlaubt, am Hale Teleskop (Palomar Observatorium, Kalifornien, USA) Beobachtungen durchzuführen. Erst ab Mitte der 1960er war dies Frauen erlaubt.

Im Laufe ihrer Karriere hat sich Vera Rubin vehement für Frauen in der Wissenschaft stark gemacht, nicht nur, indem sie Frauen ermutigte, Naturwissenschaften zu studieren, sondern auch, indem sie sich unermüdlich für die Erhöhung der Anzahl von Frauen in wissenschaftlichen Komitees, Gremien und Gesellschaften einsetzte. Dies belegen folgende Zitate aus einer Rede bei der Konferenz *The recruitment and retention of women in Physics*, die im November 1990 stattfand: (a) »Es gibt kein Problem in der Wissenschaft, das von einem Mann, aber nicht von einer Frau gelöst werden könnte«, (b) »Weltweit besitzen Frauen die Hälfte aller Gehirne«.

Gemeinsamkeiten

Bei der Betrachtung der Wirkungsstätten beider Wissenschaftlerinnen fällt auf, dass obwohl beide den größten Teil ihrer Lebenszeit in den USA verbringen/verbracht haben, aber auch, dass die Entfernung von Küste zu Küste zwei Wissenschaftlerinnen, die inhaltlich nicht verschiedener sein könnten, auch geografisch voneinander trennt(e). In den Jahren des Studiums hätten sich die beiden angehenden Visionärinnen möglicherweise zu sehr spannenden gesellschaftlichen Fragen austauschen können. Besonders in den 1970er-Jahren hätte Angela Davis sicherlich eine weitere berühmte Fürsprecherin brauchen können, ob sich jedoch eine sehr forschungsorientierte Vera Rubin mit einer strukturierten wissenschaftlichen Karriere mit einer sozialistischen Aktivistin wie Davis verstanden hätte, bleibt zu bezweifeln.

Vera Rubin stammte aus einer Einwandererfamilie und somit eher aus weniger privilegierten Verhältnissen und hatte sicherlich als Frau (und

Mutter von vier Kindern) mit vielen Vorurteilen und Diskriminierung zu kämpfen. Hier lässt sich eine erste Form von Intersektionalität finden, eine Marginalisierung, bei der der Migrationshintergrund und das Geschlecht zusammenwirken. Das wäre sicherlich ein interessanter Punkt gewesen, über den Vera Rubin und Angela Davis sich hätten austauschen können. Außerdem hätte Angela Davis ihre Perspektive, die zusätzliche Dimension des antischwarzen Rassismus in den USA, an Vera Rubin weitergeben können.

Vielleicht lässt sich in dieser Zusammenschau dieser so unterschiedlichen Perspektiven aber vor allem eines erkennen: dass Galaxien genauso wie verschiedene gesellschaftliche Mikrokosmen und Subkulturen mehr miteinander verbindet, als einzeln betrachtet anzunehmen ist. Und dass es sich lohnt, diese in ihrem Innersten so unterschiedlichen Strukturen zusammenzudenken, um ihre komplexen Bezüge besser zu verstehen.

Quellen

Davis, Angela: *Mein Herz wollte Freiheit: eine Autobiographie*. Aus d. am. Engl. von Walter Hasenclever. München. dtv, 1975.

Davis, Angela: *Are Prisons obsolete?*, Seven Stories Press, 2003.

Davis, Angela: *Women, Race and Class*, Knopf Doubleday Publishing Group, 1983.

Mitton, Jacqueline & Mitton, Simon: *Vera Rubin: A Life*, Belknap Press, 2021.

Rubin, Vera & Ford Kent: *Rotation of the Andromeda nebula from a spectroscopic survey of emission regions*, Astrophys J 159, S. 379–403, 1970.

Rubin, Vera & Ford, Kent & Thonnard, Norbert: *Extended rotation curves of high-luminosity spiral galaxies. IV – Systematic dynamical properties, SA through SC*, Astrophys J Lett 225, S. L107–L111, 1978.

Rubin, Vera: *One Hundred Years of Rotating Galaxies*, Publications of the Astronomical Society of the Pacific 112, S. 747-750, 2000.

Rubin, Vera: *An interesting voyage*, Annu Rev Astron Astrophys 49, S. 1–28, 2011.

Die Poetinnen: Jocelyn Bell Burnell & Audre Lorde

Physikerin: Jocelyn Bell Burnell

Jocelyn Bell Burnell, die am 15. Juli 1943 in Lurgan (Nordirland) geboren wurde, wird wie Lise Meitner und Rosalind Franklin heute oft im Zusammenhang mit Frauen in der Wissenschaft genannt, die bei der Vergabe von Nobelpreisen nicht berücksichtigt wurden.

In ihrem Fall hatte sie entscheidenden Anteil an der Entdeckung von sogenannten *Pulsaren* – den Physik-Nobelpreis 1974 erhielt allerdings ihr Doktorvater Antony Hewish (zusammen mit Martin Ryle). Nachdem Jocelyn im Jahre 1965 einen Bachelor in Physik an der Universität von Glasgow gemacht hatte, wechselte sie an die Universität von Cambridge (England), um dort in der Gruppe von Antony Hewish zu arbeiten. Sie erhielt ihren Doktortitel im Jahr 1969 und hatte zuvor im Jahr 1968 Martin Burnell geheiratet (Scheidung 1993, ein Sohn). Von 1968 bis 1973 arbeitete sie an der Universität von Southampton (England), von 1974 bis 1982 am University College London. Von 1982 bis 1991 forschte sie am Royal Observatory Edinburgh, wo sie ab 1986 die Projektmanagerin des James Clerk Maxwell Telescopes (Mauna Kea, Hawaii) war. 1991 erhielt sie endlich eine Professur und zwar an der Open University. Darauf folgten die Stelle der Dekanin für Naturwissenschaften an der Universität Bath (England) von 2001 bis 2004, die Präsidentschaft der *Royal Astronomical Society* von 2002 bis 2004 sowie die Präsidentschaft des *Institutes of Physics* von 2008 bis 2010. 2018 wurde sie zur Kanzlerin der Universität von Dundee (Schottland) berufen. Zur Zeit der Fertigstellung dieses Buches hielt sie eine Gastprofessur an der Universität Oxford (England) inne.

Ein Radioteleskop und die Entdeckung von Pulsaren

Während ihres Doktorats an der Universität von Cambridge (England) war Jocelyn Bell Burnell maßgeblich am Aufbau des *Interplanetary Scintillation Array* des *Mullard Radio Astronomy Observatory* beteiligt. Dabei handelte es sich um 4096 Dipole Antennen, die über eine Fläche von 16.000 Quadratmetern aufgestellt und mit einer Frequenz von 81,5 Mega-Hertz (MHz) betrieben wurden, also im Bereich von Radiowellen lagen. Die Signale wurden auf Papier aufgezeichnet und Jocelyn verbrachte einen Großteil ihrer Zeit mit der Auswertung dieser Signale, ein schwieriges Unterfangen, da diese Methode eine genaue Kenntnis von Störsignalen im Vergleich zu Signalen astrophysikalischen Ursprungs erforderte. Im August 1967 beobachtete Jocelyn ein Signal, dessen Ursprung sie sich zunächst nicht erklären konnte. Dieses kehrte alle 1,3373 Sekunden wieder und hatte eine Dauer von nur 0,04 Sekunden. Nach Diskussionen mit ihrem Doktorvater Antony Hewish kamen die beiden zu dem Schluss, dass es sich um einen sehr schnell rotierenden Neutronenstern, einen sogenannten *Pulsar,* handeln müsse (vg. Hewish & Bell & Pilkington & Scott & Collins, 1968). Dieser Pulsar, der heute die Bezeichnung PSR B1919+21 trägt, hat etwa 1,4 Sonnenmassen, aber nur einen Durchmesser von etwa 19,5 Kilometern.

Das ›pulsierende‹ Signal entsteht durch die schnelle Rotation und das Vorhandensein eines Magnetfeldes (vgl. Abbildung 9). Im rechten Winkel zu den Magnetfeldlinien werden Radiowellen ausgesendet, die aufgrund der Rotation in einer Art ›Leuchtturmeffekt‹ periodisch auf der Erde beobachtet werden können.

Neutronensterne sind, wie an den oben genannten Zahlen ersichtbar, die kompaktesten, direkt beobachtbaren astrophysikalischen Objekte, die wir kennen – nur Schwarze Löcher sind kompakter. Sie entstehen, wenn sehr massive Sterne ihr Gasvorkommen aufgebraucht haben und selber keine Strahlung mehr erzeugen können, die der Gravitationskraft entgegenwirken könnte. Diese Sterne explodieren dann in einer sogenannten Typ-II-Supernova und werden durch die Gravitationskraft zu Objekten zusammengepresst, die etwa die Masse der Sonne, aber nur ca. 10 bis 20 Kilometer Durchmesser haben. Die Dichte dieser Objekte ist etwa das 100.000.000.000.000-fache der Dichte von Wasser.

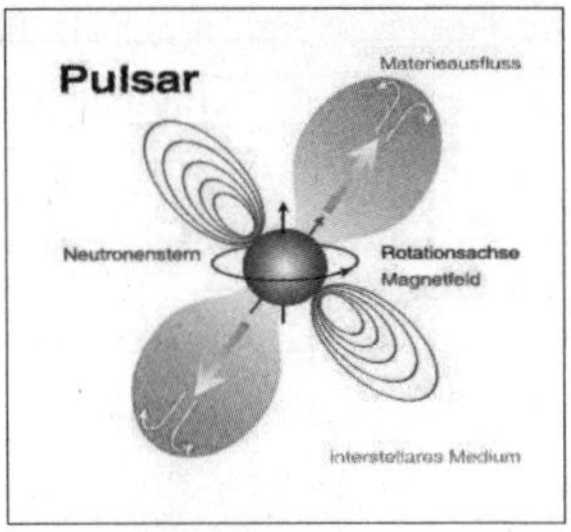

Abbildung 9: Schema eines Pulsars und der ausgesendeten Radiowellen

Die Entdeckungen von Pulsaren ist sicherlich eine der wichtigsten Beobachtungen in der Astrophysik des 20. Jahrhunderts. Mittlerweile gibt es einen Katalog von (bis heute) etwa 1.700 Pulsaren. Interessanterweise wird der genaue Aufbau von Neutronensternen auch heute noch wissenschaftlich diskutiert. Wir wissen aber, dass im Inneren dieser Objekte extreme Bedingungen vorliegen, Bedingungen, die sich erst vor wenigen Jahren in Teilchenbeschleunigern reproduzieren ließen. Pulsare sind also nicht nur astrophysikalisch interessant, sondern können auch entscheidende Hinweise auf Materie unter extremen Bedingungen geben. Einer der bekanntesten Pulsare ist sicherlich der *Hulse-Taylor-Pulsar,* der zur ersten indirekten Bestätigung der Existenz von Gravitationswellen diente. Dabei handelt es sich um ein Doppelsystem aus einem Pulsar und einem Neutronenstern, die umeinander rotieren. Aufgrund der Tatsache, dass Neutronensterne[11] extrem kompakt sind, haben sie starke Gravitationswirkung und müssten bei ihrer Bewegung umeinander Gravitationswellen aussenden. Dies wiederum würde dem System Energie entziehen, was zur Verringerung der Rotationsfrequenz des Doppelsystems führen müsste. Russel Hulse und Joseph Taylor bestätigten dies und erhielten dafür im Jahre 1993 den Physik-Nobelpreis. Pulsare und Neutronensterne eignen sich somit also auch zur Erforschung von Gravitationsphänomenen.

Der Nobelpreis und Frauen in der Wissenschaft

Die Beobachtung des ersten Pulsars war somit bahnbrechend und wurde im Jahre 1974 mit dem Physik Nobelpreis geehrt – allerdings ging dieser Preis an Antony Hewish und nicht an Jocelyn Bell Burnell. Warum dies so war, lässt sich nur vermuten. Das Argument, dass sie zur Zeit der Entdeckung ›nur‹ eine Doktorandin war, die in Hewishs Gruppe arbeitete, ist sicherlich nicht haltbar. Jocelyn äußerte sich zu diesem Thema erst viel später in ihrer Karriere. In einem Kommentar aus dem Jahre 2004 (vgl. Bell Burnell, 2004) schrieb sie:

> »Ich glaube nicht mehr, dass es der richtige Weg ist, wenn Frauen versuchen, mutiger, selbstbewusster, ›eher wie Männer‹ zu sein, um voranzukommen.

Frauen sollten nicht all die Anpassung vollziehen müssen. Es ist Zeit, dass die Gesellschaft sich auf Frauen zubewegt, nicht Frauen sich auf die Gesellschaft zubewegen. Es gab in der Vergangenheit einige ausgezeichnete Astronominnen, die für ihre Beiträge nicht vollständig anerkannt wurden« (Übersetzung d. Hg.).

Als sie im Jahre 2018 den *Special Breakthrough Prize in Fundamental Physics* erhielt, der mit 2,3 Millionen Pfund dotiert war, entschied sie sich, dass Geld für die Einrichtung des B*ell Burnell Graduate Scholarship Fund*s am *Institute of Physics* einzusetzen. Ziel ist es, Forschungsstipendien an Studenten aus an Universitäten unterrepräsentierten Gruppen zu vergeben, um mehr Diversität zu schaffen.

Philosophin: Audre Lorde

Das Werk Schwarzer Schriftsteller*innen ist immer noch viel zu wenig rezipiert. Noch schwieriger wird es, wenn weitere intersektionale Kategorien hinzukommen. Auch Audre Lorde wird in den meisten philosophischen Diskursen nicht der akademischen Philosophie zugeordnet. Bestenfalls wird sie als Poetin oder Kulturwissenschaftlerin bezeichnet, obwohl (oder gerade weil) Lorde viele Jahre ihres Lebens als Professorin lehrte und sich mit Philosophie in einer rassismuskritischen Lesart auseinandersetzte.

Lorde als Philosophin zu lesen, eröffnet eine Vielzahl von spannenden Perspektiven, die ihren Leser*innen eine Art von Selbstreflexion ermöglicht, die durch die Umsetzung der Texte in Poesieform eine andere theoretische Qualität erhält.

Poesie ist kein Luxus – sie ist lebensnotwendig

Dieser leicht veränderte Titel eines von Lordes berühmtesten Gedichten *Poetry is not a luxury* beschreibt den Anspruch, den Lorde an die Lesart ihrer Rezipient*innen stellt. Viele Menschen empfinden die Beschäftigung mit Poesie als unnötig, als Produkt von Privilegierten für Privilegierte, als etwas, mit dem man sich beschäftigen kann, wenn die Arbeit getan, genug Geld verdient und letztlich einfach Zeit für Müßiggang vorhanden ist. Für Lorde ist das ganz anders, sie beschreibt Poesie als subversivste aller Kunstformen (vgl. Lorde, 2020, S. 19), deren Aufgabe es ist, die Veränderungen zu bewirken, die Menschen benötigen, um ein gelungenes Leben zu führen. Dabei ist Poesie immer ein Ergebnis von Erfahrungen. Darum ist die Frage ›Wer schreibt?‹ keine nebensächliche. Die Tatsache, dass Lorde als Schwarze, homosexuelle Frau ihre Erfahrungen in Poesieform verschriftlicht, schafft Raum für andere marginalisierte Personen, es ihr gleich zu tun. Dabei wirkt das Schreiben als eine Möglichkeit, die Kontrolle über das eigene Leben zurückzugewinnen und damit ein nichtweißes, nicht-europäisches Bewusstsein zu entwickeln (vgl. ebd. S. 43). Poesie verbindet in Lordes Auffassung Erfahrung, Träume und Hoffnungen miteinander und ermöglicht, die Vision einer Zukunft zu denken, wie ›wir‹ sie uns wünschen (vgl. ebd. S. 34). »Die Schwarze Mutter in uns, die Dichterin flüstert uns hingegen in unseren Träumen zu: Ich fühle also bin ich frei.« (Lorde, 2021, S. 42) In dieser Vorstellung zeigt sich eine direkte Bezugnahme auf die traditionelle Philosophie Descartes, der an dieser Stelle mit seiner berühmtesten Aussage zitiert wird und von Lorde ergänzt wird. Die schwarze Mutter wird dem weißen Vater gleichgestellt und durch sie, die Poetin, kommt die Dimension der Freiheit hinzu. In Lordes Vorstellung ist es Poesie, die Menschen durch den Ausdruck der in ihr vermittelten Erfahrungen stärken und unterstützen kann. Die Anerkennung von Erfahrung und Gefühlen als Lebensgrundlage ist in ihrer Konzeption besonders für die Menschen wichtig, die aus dem Kanon westlich-weißer Philosophie ausgeschlossen werden (vgl. Lorde, 2020, S. 20). Im Schreiben steckt für Lorde die Möglichkeit, sich selbst zu entdecken und sich zu entwerfen. Die zentrale Aussage anzuerkennen, dass Menschen nicht allein eine Identität besitzen, die ihnen von der Gesellschaft mit allen Aus- und Nebenwirkungen zugeschrieben wird, eröffnet einen Raum der Freiheit, in dem Leser*innen aufgerufen sind, sich selbst zu entwerfen. Auch zeigt Lorde die Problematik auf, dass Menschen, die Normen folgen und nach ihnen leben, immer anderen Menschen und deren Urteilen unterworfen sind – ihre Identität wird von außen festgelegt. Die Entscheidung, sich selbst zu entwerfen, wird von Lorde daher als Selbstschutz beschrieben. Sich selbst in einer authentischen Weise zu entwerfen und diese Facetten zu nutzen, um anderen Menschen ein selbstbestimmtes Leben in Freiheit zu ermöglichen, ist in Lordes Theorie ein zentrales Anliegen

Die Stille unterbrechen

Betrachtet man sie als Theoretikerin, so kann man die Themen, die Lorde in ihren Gedichten und Seminaren anspricht, als eine intersektionale Perspektive auf Rassismus, Sexismus und Ageismus verstehen. Als ›black feminist lesbian poet‹ ist ihr die Unsichtbarkeit vertraut, mit der ihr Werk und das anderer Schwarzer und marginalsierter Autor*innen in der Öffentlichkeit behandelt wird. Ihr erklärtes Ziel ist es, durch Sprache Räume zu schaffen, in denen auch andere die Möglichkeit haben, auf eigene Weise ihre Erfahrungen zu teilen und sich zu solidarisieren. Dabei geht es auch darum, eine intersektionale Perspektive ernst zu nehmen. Aus diesem Grund prangerte Lorde das Thema Rassismus im westlich-weißen Feminismus an. De Veaux beschreibt Situationen, in denen Lorde auf feministitischen Konferenzen die einzige Schwarze Rednerin war und mit dem Label »angry, isolated black feminist voice« belegt wurde (vgl. de Veaux, 2006, S. 231). Auch in diesen Kontexten äußerte sich Lorde kritisch über die Praktiken von Diskriminierung und Marginalisierung. Im Zentrum ihres aktivistischen Fokus stand immer, dass das, was von Bedeutung ist, Ausdruck finden muss – auch auf die Gefahr hin, missverstanden zu werden. Ihre Aufforderung, die »Tyrannei des Schweigens« (Lorde, 1985, S. 61) zu beenden, richtet sich an Frauen aus den unterschiedlichsten Milieus. Die Transformation, die dadurch beginnt, dass viele Menschen aus marginalisierten Positionierungen ihre Geschichten erzählen, hilft Menschen dabei, zu sich selbst zu stehen und ihre Kraft wiederzufinden. Die Texte und Theorien von marginalisierten Autor*innen zu teilen, ist für Lorde daher ein zentrales Kriterium, um aus den Erfahrungen anderer zu lernen und für sich selbst einen Platz in der Gesellschaft, der Wissenschaft oder der Literatur zu finden. Dazu gibt es eine schöne Anekdote aus einem Gespräch zwischen einer weißen Dozentin und Audre Lorde bezüglich der Auswahl von Texten für ein Seminar.

Die Dozentin beschrieb die Problematik, dass sie sich nicht zutraue, dass Werk Schwarzer Autorinnen zu lehren, da ihre Erfahrung so verschieden von deren Lebenswelt sei. Lorde entgegnete darauf mit der Frage, wie viele Jahre sie Platon und Proust gelehrt habe, ohne sich diese Frage zu stellen (de Veaux, 2006, S. 88). Was diese Auseinandersetzung zeigt, ist, mit welcher Selbstverständlichkeit der Kanon über die Jahrzehnte und Jahrhunderte seine eigene Struktur schafft und damit unproblematisierte Ausschlüsse produziert. Wird in Schulen und Universitäten ausschließlich das Werk weißer (oftmals toter) Männer gelehrt, lernen angehende Lehrer*innen und Dozent*innen, diesen Kanon weiterzugeben – er wird als die Norm betrachtet und so über Generationen fortgeschrieben. Daher ist es besonders wichtig, diese Ausschlüsse zu markieren und eine Veränderung einzufordern. Für Lorde kommen wir damit der zentralen Aufgabe nach, die Stille zu unterbrechen und die Unterschiede zwischen uns zu überwinden (vgl. Lorde, 2020, S. 65).

Gemeinsamkeiten

Interessanterweise hat auch Jocelyn Bell Burnell einen Bezug zur Poesie. Sie veröffentlichte im Jahre 2008 als Editorin einen Gedichtband mit dem Titel *Dark Matter: Poems of space* (vgl. Riordan & Bell Burnell, 2008). Ein Zitat zeigt, wie wichtig ihr Poesie ist:

> »Obwohl ich das Wort ›space‹ nicht verwende, um das Universum zu beschreiben, suggeriert es für mich Weite, ein Leer-Sein und eine Leere, die für etwas Raum lässt. Und dann ist da noch der innere Raum, so schwer zu verstehen wie der Weltraum, und intimer ... Als Quäkerin, stille Anbetung gewohnt, ist mir die Kultivierung des eigenen Inneren wichtig und Poesie hilft dabei ... Die Erforschung des Inneren, die Artikulation von Emotionen, die Entwicklung der Intuition und Selbsterkenntnis kann schwierig sein. Genau wie das Universum dunkle Materie braucht, brauchen wir ›Gewicht‹, um uns zu erden, um unsere Erfahrungen beim Erkunden zusammenzuhalten« (Übersetzung d. Hg.).

Poesie ist für sie also hilfreich, um sich selber zu erkennen und auszudrücken.

Sicherlich hätte Audre Lorde dem zugestimmt, entspricht es doch genau ihrem Ansatz. Die beiden hätten sich trotz ihrer Unterschiede sicher über dieses Thema austauschen können. Audre Lorde war es immer wichtig, dass Frauen sich verbinden, dass sie mutig sind und für sich selber sprechen – eine weitere Gemeinsamkeit der beiden Frauen.

Quellen

Bell Burnell, Jocelyn: *So few Pulsars, so few females,* Science 304, S 489, 2004

Fössing, Ulla: *Nobel-Frauen,* S. 174–183, Verlag C.H. Beck, München, 1990.

de Veaux, Alexis: *Warrior Poet. A Biography of Audre Lorde.* W W NORTON & CO, New York, 2006.

Hewish, Antony & Bell, Jocelyn & Pilkington, J.D.H. & Scott, P.F. & Collins, R.A.: *Observation of a rapidly pulsating radio source*, Nature 217, S. 709–713, 1968.

Lorde, Audre: Sister Outsider. München, Hanser, 2021.

Lorde, Audre: *Dream of Europ*e. Selected Seminars and Interviews. Kenning Editions, Berkeley, 2020.

Riordan, Maurice & Bell Burnell, Jocelyn: *Dark Matter: Poems of space*, Calouste Gulbenkian Foundation, 2008

Die Aufräumer*innen: Judith Butler & Donna Strickland

Philosoph*in: Judith Butler

Wenn eine Person, die Philosophie studiert hat und sich mit dem deutschen Idealismus beschäftigt und ihre Promotion zu Hegel schreibt, wäre es naheliegend zu glauben, dass diese Person als Philosoph*in im akademischen Kontexten anerkannt wird. Dem ist im Fall von Judith Butler aber nicht so.

2016 wurde Judith Butler die Albertus-Magnus-Professur an der Universität Köln verliehen, Tausende strömten in das Audimax, so viele, dass die Universitätsverwaltung mit Räumung des Gebäudes drohte. Der Vorteil, nicht als klassische*r Philosoph*in verstanden zu werden, ist, quer durch die Disziplinen gelesen zu werden, und immer werden die Texte dabei unter neuen Gesichtspunkten betrachtet. In den Gender Studies gilt Butler als Begründer*in, als feministische*r Theoretiker*in hat Butler den Weg für viele Wissenschaftler*innen geebnet, die an ihr Werk Anschluss finden konnten. Für Pädagog*innen eröffnet Butler eine nicht-binäre Sichtweise auf gesellschaftliche Normenbildung, die Erziehung stark beeinflusst. Für Politikwissenschaftler*innen sind es vor allem die Auseinandersetzungen mit politischen Perspektiven auf Anerkennung, Verletzbarkeit und gesellschaftspolitischer Ethik, die einen zentralen Bezugspunkt darstellen. Ob Butlers Texte nun in der Materiellen Kultur zu Dress-Analysen hinzugezogen werden oder in der rassismuskritischen Bildung zentrale Ideen zum Verständnis der Anerkennung von Geflüchteten einbringen, sie bewegen sich mühelos durch die Disziplinen.

Im Folgenden werden einige zentrale Ideen Butlers kurz zusammengefasst.

Die Debatte um Gender

In den letzten Jahren scheint es unmöglich, das Thema ›Gender‹ auszuklammern. Besonders in der Sprache findet es immer mehr Platz und sorgt für Sichtbarkeit für alle diejenigen, die im generischen Maskulinum weder mitgemeint noch jemals angesprochen waren. Butler bezieht den Terminus Gender allerdings auf vieles mehr als Schreibweisen, die nur ein kleiner, wenn auch wichtiger Teil sind. Butler bedient sich unterschiedlicher Perspektiven, um deutlich zu machen, wie Geschlecht, also auch Gender, entsteht und welche gesellschaftlichen Normierungen das Verhältnis z.B. zwischen stereotypischen Rollenbildern beeinflussen. Einen zentralen Ausgangspunkt bietet dabei die Theorie Simone de Beauvoirs, insbesondere der Satz »Man wird nicht als Frau geboren, man wird dazu gemacht« (Beauvoir, 1975, S. 334). Butler interessiert dabei vor allem das ›gemacht werden‹ und so unterteilte sie in ihrem bekanntesten Werk *Gender Trouble* Geschlecht in drei Dimensionen: *sex* als das biologische Geschlecht, *gender* als das soziale Geschlecht und als dritte Dimension kommt *desire*, die *heteronormative Matrix,* hinzu.

Gehen wir nun davon aus, dass Menschen mit einem Geschlecht geboren werden, so würde dies ihr biologisches Geschlecht ausmachen (auch wenn dies keinesfalls heißt, dass es nur binär gedacht werden darf). Im Folgenden ist allerdings ein Aspekt wesentlich, den Butler in Anlehnung an die Sprechakttheorie »Anrufung« nennt (vgl. Butler, 1993). Diese meint den Moment, in welchem das Kind nach der Geburt als ›Junge‹ oder ›Mädchen‹ bezeichnet wird. Was diesem Moment folgt, ist eine Anreihung von Ritualen, Stereotypen, Farbschemata und Erwartungen, die von außen auf das Kind treffen, bevor es überhaupt den eigenen Namen aussprechen kann. Das Kind wird in eine Gesellschaft hineingeboren, in der es – abhängig von religiösen, kulturellen und sozialen Normen – einen bestimmten Platz in der Gesellschaft zugewiesen bekommt (vgl. ebd.). Zu den gesellschaftlichen Vorstellungen, wie ›Männer‹ und ›Frauen‹ sich zu verhalten haben, wie sie sich zu kleiden und wie sie zu sprechen haben, kommt auch noch die heteronormative Matrix. Diese bestimmt, dass im *desire*, also dem Verlangen, Männer und Frauen einzig und allein aufeinander bezogen sein dürfen. Es gibt dazu ein interessantes Experiment, das verdeutlicht, wie sehr die heteronormative Matrix in unseren Köpfen bereits Einzug gehalten hat, nämlich immer dann, wenn wir z.B. einen Jungen fragen, ob er denn schon eine Freundin habe. In diesem Moment schließen wir alle anderen Möglichkeiten aus. Wäre der Junge etwa homosexuell, wäre er in dieser Situation quasi gewzungen, sich zu outen oder seine Sexulität zu verschweigen. Outing existiert als Prozess nur, weil es eben genau diese heteronormative Matrix gibt, die wir gesellschaftlich durch Filme, Bücher und Erfahrungen als Realität akzeptiert haben und für alle voraussetzen. Diese Perspektive klingt ziemlich deterministisch. Butler bringt hier Performativität und Iterabilität ins Spiel. Mit Performativität ist gemeint, dass Menschen von klein auf die Rollen spielen, die ihnen zugewiesen werden und sich normkonform verhalten, um Anerkennung zu bekommen und nicht aus sozialen Gruppen ausgegrenzt oder gar sanktioniert zu werden. Durch die Wiederholung dieser Praktiken – z.B. Mädchen spielen mit Puppen, Jungen mit Autos – wird das Verhalten innerhalb der sozialen Gruppe (z.B. im Kindergarten) stabilisiert, es entwickelt sich als Norm und zwar durch die Iterabilität, also dadurch, dass andere die Praxis verstehen und kollektiv wiederholen können. Das Positive an dieser Entwicklung ist, dass Menschen durch ihr Handeln die Möglichkeit haben, gesellschaftliche Normen zu verändern und dies eben auch durch die Performativität. Ein Beispiel soll dies verdeutlichen. Als Frauen anfingen, im Arbeitsalltag Hosen zu tragen, wurde dies zunächst sanktioniert. Aber durch die Wiederholung der Handlung durch viele Frauen konnte die Norm weiterentwickelt oder auch verschoben werden. Das bedeutet: Menschen haben immer Einfluss auf unterdrückende und ausgrenzende Normen und Praktiken, die sie im Rahmen ihrer Möglichkeiten und bestenfalls im Zusammenschluss als handelndes Kollektiv infrage stellen können.

Anerkennung als politisches Motiv

Butler interessiert sich auch über den Kontext von Gender hinaus für gesellschaftliche Praktiken von Anerkennung. Dabei ist es besonders wichtig zu verstehen, dass Menschen, (und hier schließt sich Butler z.B. Hegel an) von Anerkennung abhängig sind. Damit ist in erster Linie kein Lob gemeint, sondern eine Art Anerkennung, die zur Erfüllung basaler Grundbedürfnisse führt, z.B. das Kind, das von einer Person ernährt und vor Gefahren beschützt wird. Menschen lernen dieses Verhalten und richten ihre Lebensperspektive darauf, Anerkennung zu erfahren, weil sie es im Kindesalter selbst als lebensnotwendig erfahren haben. Die spätere Ausrichtung an den Parametern gesellschaftlicher Anerkennung ist kein einfaches Unterfangen. Es bedeutet in erster Linie eine Anpassung an Normen innerhalb einer Gruppe – auch hier geht es um das Bedürfnis dazuzugehören und nicht ausgeschlossen zu werden –, denn der Ausschluss kann gegebenenfalls sogar lebensbedrohliche Konsequenzen für das Subjekt mitsichbringen. Die Problematik der Anpassung stellt das Subjekt immer vor neue Herausforderungen, besonders wenn es sich zwischen unterschiedlichen Anspruchslagen und gesellschaftlichen Konstellationen bewegt (vgl. Butler, 2002, S. 45 ff.). Aus diesem Aspekt ergibt sich bei Butler der Gedanke der Verletzbarkeit. Aufgrund der physischen Verfasstheit des menschlichen Körpers (z.B. auch aufgrund der Sterblichkeit) sind Menschen verletzbar, immer und überall und vor allem durch andere (vgl. ebd. S. 112). Was uns davon abhält, einander zu verletzen, sind in der Regel gesellschaftliche Normen und ein ethischer Kodex, der in einer Gesellschaft existiert. Unsere Verletzbarkeit zeigt sich aber auch in unserer Abhängigkeit voneinander. Da gibt es viele sehr einfache Beispiele: wir alle sind abhängig von den Menschen, die in regelmäßigen Abständen den Müll abholen, wir sind abhängig von den Menschen, die unsere Nahrungsmittel herstellen und von den Lieferant*innen, die dafür sorgen, dass wir Waren in Supermärkten kaufen können. Wir sind abhängig von einer funktionierenden Infrastruktur, fließendem Wasser, einer warmen Heizung im Winter und Wänden, die nicht einstürzen. Oftmals spüren wir diese Abhängigkeit im Alltag nicht, da vieles – besonders in westlichen Industrieländern – selbstverständlich geworden ist. Trotzdem ist ein Wegfall dieser grundlegenden Systeme eine Gefährdung für unsere soziale Existenz.

Deutlich wird für Butler an dieser Stelle, dass Menschen, denen keine oder nur sehr wenig gesellschaftliche Anerkennung zuteilwird (z.B. obdachlose Menschen oder geflüchtete Menschen) einer höheren Verletzbarkeit ausgesetzt sind. Diese ist zum einen sprachlicher Natur, kann sprachliche Diskriminierung nach sich ziehen, die die betreffende Person abwertet und aus bestimmten sozialen Kontexten ausschließt (vgl. Butler, 2002, S. 36). Durch diese sprachliche Verletzbarkeit kann es auch zu infrastruktureller Verletzbarkeit kommen, der Abhängigkeit von Institutionen – zum Beispiel staatlicher Mittelvergabe. Durch diese erhöhte Verletzbarkeit sind viele marginalisierte Menschen auch stärker von Gewalt betroffen und möglicherweise aufgrund ihrer Zugehörigkeit zu bestimmten verfolgten Gruppen mit dem Leben bedroht.

Nach Butler dürfen wir aber niemals vergessen, dass ›die verletzbaren Menschen/Gruppen‹ nicht ein für alle Mal auf diesen Status festgelegt sind und der Rest nicht per se davon ausgeschlossen ist. Letztlich ist es nur ein schmaler Grat – aus zur Verfügung stehender Infrastruktur und gesellschaftlicher Norm(erfüllung) –, der die Vulnerablen von den scheinbar Nicht-Vulnerablen trennt. Er kann und sollte nicht für selbstverständlich gehalten werden.

Betrauerbarkeit

Für Butler endet die Debatte jedoch nicht bei den Fragen nach angemessenen Lebensbedingungen oder speziell bei der Frage nach Verletzbarkeit. Als Gesellschaftskritik formuliert Butler in *Raster des Krieges*, dass Lebensbedingungen in einer ganz anderen Dimension wirken. Sie wirken sich nicht nur auf die Bedingungen aus, unter denen eine Person leben kann, vielmehr entscheidet das, was Butler als Betrauerbarkeit bezeichnet, darüber, was das Leben der einzelnen Menschen ›wert ist‹. Butler verweist dabei vor allem auf die westlich, weiße Perspektive, in der z.B. Menschen aus dem Nahen Osten nur selten in den Fokus medialer Öffentlichkeit treten. Diese fehlende mediale Repräsentation sorgt dafür, dass sie bei politischen Entscheidungen nicht berücksichtigt werden. Die Betrauerbarkeit, über die Butler in diesem Kontext nachdenkt, verdeutlicht, dass Menschen abhängig davon, wo und unter welchen Bedingungen sie auf die Welt gekommen sind, eine unterschiedliche Wertigkeit im Kontext medialer Debatten in westlichen Industrienationen zukommt. Dies bedeutet aber nicht, dass den einzelnen Menschen oder Menschengruppen in ihrer eigenen Community nicht durchaus ein hoher Wert zugeschrieben wird. Wenn Butler von Betrauerbarkeit spricht, ist damit eine öffentliche, mediale und politische Trauer gemeint. An dieser Stelle kann ein Beispiel helfen, das Konzept zu verdeutlichen. In der Berichterstattung von Unfällen mit vielen Opfern werden in deutschen Radiosendern ausschließlich deutsche Opfer konkret benannt, andere Menschen werden lediglich anonymisiert erfasst: ›400 Tote, darunter 13 Deutsche‹. Wozu dient diese Differenzierung. Laut Butler geht es um eine Vorstellung von Nähe, Vergleichbarkeit, Gemeinsamkeit. Trauer ist ein sehr persönliches Phänomen. Tendenziell werden Familienmitglieder, Freund*innen, Haustiere und gute Bekannte betrauert. Es sind genau diese Gruppen, die dem einzelnen Menschenam nächsten sind. Danach folgen möglicherweise entferntere Bekannte, Arbeitskolleg*innen, ehemalige Nachbar*innen, Menschen, die in einer gewissen Distanz zu dem einzelnen Subjekt existieren. In einem weiteren Schritt könnten sich Menschen aus der Heimatstadt, Menschen aus der gleichen/einer ähnlichen Community finden, diese sind uns persönlich nicht so nah, wie möglicherweise Familie und Freund*innen, trotzdem gibt es etwas, das uns verbindet. Folgen wir Butler, werden die Gemeinsamkeiten immer allgemeiner. So würde auf dieser Ebene gemeinsame Sprache, geteilter kultureller Hintergrund, Nationalität und Religion folgen. Werden diese Dimensionen als Kategorien der Nähe verstanden, stellt sich die Frage, wo in diesem Konzept für die Betrauerbarkeit z.B. des muslimischen Geflüchteten Platz ist? Unabhängig davon, wie sich Trauer und Mitgefühl für die einzelne Person gestaltet, berührt dieser Mensch mit seiner Lebensrealität nur peripher das Leben einer mittelständigen *weißen* Person. Die verschiedenen Lebensrealitäten und die aus diesem Grund nur rudimentäre politische und gesellschaftliche Positionierung zur Rettung Geflüchteter lässt Rückschlüsse darauf zu, welche öffentliche Betrauerbarkeit geflüchteten Menschen zukommt. Der Fall Alan Kurdi eröffnet hier ein alternatives Bild. Das Foto seines leblosen Körpers ging um die Welt. Fragen wir uns, was Alan von so vielen unbetrauerten geflüchteten Menschen unterscheidet, die den Weg über das Mittelmeer nicht geschafft haben, zeigt sich eine interessante Komponente. Die Tatsache, dass es sich in diesem Fall um ein totes Kind handelte, erzeugte eine andere öffentliche Reaktion. Entsetzen. Auch wenn nicht substanziell genug, um das politische Vorgehen grundsätzlich zu verändern. Das Entsetzen ist vermutlich weniger in der Tatsache begründet, dass ein Mensch tot am Strand liegt, sondern vielmehr darin, dass es sich bei dem Toten um ein Kind handelt. Die gesellschaftliche Bedeutung des Kindes als ›schützenswert und unschuldig‹ überwiegt an dieser Stelle. Das Kind wird betrauert, weil es eine gemeinsame Ebene gibt, die eigene Kindheit und die der Kinder, die wir begleitet haben. Die Betrauerbarkeit des Kindes unterscheidet sich maßgeblich von der des Erwachsenen, wird dieser doch pauschal unter den Verdacht gestellt, seine Situation willentlich hervorgebracht zu haben und damit in gewisser Weise ›mitschuldig‹ zu sein. Das Kind ist in erster Linie – ein Kind, so wie viele andere auch. Erwachsene Geflüchtete bleiben die

Anderen. Ohne Status – ohne Zukunft – unbetrauert und ungehört. Für Butler ereignet sich diese Positionierung nicht erst im Moment der Flucht. Bereits vorher, in ihrem Heimatland, gilt ihr Leben nicht als schützenswert genug, nicht als wertvoll genug. Dies zeigen ihre Lebensbedingungen, die eine Flucht als letzten Ausweg unausweichlich machen, wie auch die Haltung der Politik in ihrem Heimatland, die ihre Leben nicht schützt. Butler argumentiert, dass die Frage nach der Betrauerbarkeit nicht erst im Moment des Todes gestellt werden muss, sondern auch die Lebensbedingungen der Menschen ausreichende Begründung für Betrauerbarkeit bieten sollten.

Solidarität

Besonders die Konzepte von Verletzbarkeit und Betrauerbarkeit machen Butlers Sozialphilosophie so zeitgemäß und helfen uns, ein tieferes Verständnis von den gesellschaftlichen Strukturen zu entwickeln. Butler schreibt nicht nur, um die Problemlagen der Gesellschaft zu analysieren, Butler versorgt Leser*innen auch stets mit produktiven Auswegen und Reflexionshilfen. Die Tatsache, dass Menschen aufgrund ihrer körperlichen Existenz verletzbar und von infrastrukturellen Bedingungen abhängig sind, um ein angemessenes Leben führen zu können, zeigt, dass auch das Leben privilegierter Menschen in gewisser Weise von Bedingungen abhängt, die nur begrenzt ihrer Kontrolle unterliegen. Genau das ist an der aktuellen Corona-Pandemie zu erkennen. Das Virus betrifft alle Menschen, unabhängig von ihrem sozialen Status oder Hintergrund. Sicherlich ist trotzdem festzuhalten, dass Menschen mit höherem sozialen Status, mehr Geld und Einfluss sich bessere Behandlungen leisten können und in vielen Fällen sicher schneller gesund werden. Nichtsdestotrotz verweist der Virus auf die menschliche Verletzbarkeit und die Möglichkeit des Todes. Mit Butler betrachtet, führt uns genau diese Konsequenz zu einem interessanten Punkt. Butler schreibt: »Weil wie alle verletzbar sind, sind wir allen verpflichtet« (Butler, 2002 S. 15). Das verbindende Element der körperlichen Verwundbarkeit könnte letztendlich dazu führen, dass Menschen sich jenseits ihrer Unterschiede in Religion, Herkunft und Sprache auf eine gemeinsame Ebene begeben und eine veränderte Perspektive auf Fragen der gesellschaftlichen Ethik entwickeln. Butler denkt über eine Form von Solidarität nach, die Unterschiede nicht negiert oder sie kleinredet. Vielmehr geht es um eine intersubjektive Begegnung, die unter aktuellen Bedingungen und aufgrund verhärteter gesellschaftlicher Strukturen kaum noch möglich scheint.

Physikerin: Donna Strickland

Donna Strickland war im Jahre 2018 erst die dritte Frau, die einen Physik-Nobelpreis erhielt (nach Marie Curie (1904) und der in diesem Buch nicht besprochenen Maria Göppert-Mayer (1963)). Sie wurde am 27. Mai 1959 in Guelph, Ontario (Kanada) geboren und folgte zunächst dem Karriereweg ihres Vaters, der Ingenieur war. Sie erhielt 1981 ihren Bachelor in Engineering Physics an der McMaster University Ontario, machte ihren Doktor im Jahre 1989 dann aber in Physik an der Rochester University, New York (USA). Es folgten mehrere befristete Forschungsstellen, zunächst am National Research Council von Kanada (1988 bis 1991), dann am *Lawrence Livermore National Laboratory* der Universität Berkeley, Kalifornien (USA) in den Jahren 1991/92 und schließlich am *Advanced Technology Center for Photonics and Optoelectronic Materials* der Universität Princeton, New Jersey (USA) von 1992 bis 1997. Im Jahre 1997 kehrte sie schließlich in ihre Heimat Kanada zurück, wo sie eine Assistenzprofessur an der Universität von Waterloo antrat. In der Zeit bis zu ihrer Beförderung zur assoziierten Professorin (eine typische Beförderungsstufe zwischen Assistenzprofessur und voller Professur im anglo-amerikanischen Raum) erhielt sie 1998 ein *Alfred P. Sloan*-Forschungsstipendium, 1999 einen Preis für Forschungsexzellenz und im Jahre 2000 einen *Contrell Scholars*-Preis, der ihre Forschungsleistungen und ihr Potenzial, eine weltweit führende Wissenschaftlerin zu werden, honorierte. Wie oben erwähnt, war sie von 2002 bis 2007 assoziierte Professorin an der Universität Waterloo (Kanada) und hält seitdem einen assoziierten Lehrstuhl im Fachbereich Physik der Universität Waterloo inne. Ihre herausragenden Forschungsleistungen wurden im Jahre 2018 mit dem Physik-Nobelpreis ausgezeichnet, den sie mit Arthur Askin (50 %) und ihrem Forschungspartner Gérard Morou (25 %) für »herausragende Innovationen in der Laserphysik« teilte.

Ultrakurze Laserpulse

Die Abkürzung **Laser** bedeutet ›**Light amplification by stimulated emission of radiation**‹ (ins Deutsche übersetzt in etwa ›Lichtverstärkung durch stimulierte Strahlungsemission‹). Gewöhnliche Lichtquellen, z.B. die Sonne, emittieren Strahlung über ein großes Spektrum von Wellenlängen bzw. Frequenzen, was dazu führt, dass die Intensität der Strahlung bei einer bestimmten Wellenlänge relativ gering ist. Laser hingegen senden Lichtwellen einer bestimmten Wellenlänge aus (monochromatisches Licht), die zudem alle in Phase (kohärent) sind. Ein Helium-Neon-Laser z.B. strahlt nur bei einer Wellenlänge von etwa 632,8 Nanometer (rotes Licht) ab und besitzt dort große Intensität der Strahlung.

Dieses monochromatische, kohärente Licht wird durch einen Prozess erzeugt, der *stimulierte Emission* genannt wird. Wir wissen, dass ein Elektron, das sich auf einem Energieniveau eines Atoms befindet, durch Absorption eines Lichtquants (eines Photons)[12] der geeigneten Wellenlänge in einen angeregten Zustand übergehen kann, d.h. es befindet sich nach der Absorption auf einem höheren Energieniveau. Der umgekehrte Prozess ist ebenso möglich: ein Elektron, das sich auf einem angeregten Energieniveau befindet, kann unter Abgabe eines Photons auf ein niedrigeres Energieniveau zurückfallen. Die Energie (und damit Wellenlänge) des Photons entspricht genau der Differenz der beiden Energieniveaus. Diesen Prozess bezeichnen wir als ›spontane Emission‹. Der Laser macht sich diese Prozesse zunutze: ein angeregtes Elektron kann durch ein Photon geeigneter Energie dazu angeregt werden, auf ein niedrigeres Energieniveau zurückzufallen, was als ›stimulierte Emission‹ bezeichnet wird. Die beiden Photonen (das zur Stimulation benutzte und das durch die Emission entstandene) sind dann in Phase und besitzen dieselbe Wellenlänge.

In einem Laser, der typischerweise aus einem bestimmten Material besteht, dem sogenannten Lasermedium (z.B. einer Kristallstruktur), werden die Elektronen, die sich zunächst im Grundzustand der niedrigsten Energie befinden, durch ›optisches Pumpen‹ in angeregte Zustände versetzt. Das führt zu spontanen Emissionen, die ungeordnet sind. Einige von diesen Emissionen passieren auch parallel zur Kristallachse. Wenn dies passiert, kann durch stimulierte Emission und Reflexion der Photonen an den Kristallenden eine Kaskade von Photonen erzeugt werden, die Lichtsignale aus kohärenten und monochromatischen Photonen erzeugen. Diese Lichtsignale sind darüber hinaus stark fokussiert (vgl. Schwalow, 1961).

In den Jahrzehnten nach der Entdeckung von Lasern bestand eines der großen Ziele darin, die Intensität von sogenannten Laserpulsen, also Laser-Signalen von sehr kurzer Dauer, immer weiter zu erhöhen. Allerdings führten sehr große Laserpuls-Intensitäten (mehr als ein Gigawatt pro Quadratzentimeter) zu nichtlinearen Effekten, die das Lasermedium zerstören können.

Donna Strickland und ihr Forschungspartner Gérard Mourou hatten die entscheidende Idee. Durch zwei Gitter ›dehnten‹ sie den Laserpuls, der daraufhin aufgrund deutlich kleinerer Intensitäten ohne Probleme verstärkt werden konnte (vgl. Strickland & Mourou, 1985). Anschließend wurde das so verstärkte Signal (wieder durch geeignete Gitterstrukturen) komprimiert und das Endresultat war ein Laserpuls mit sehr großer Intensität (vgl. Abbildung 10). Das ›Dehnen‹ des ursprünglichen Laserpulses wird häufig auch als ›Chirping‹ (zu Deutsch: Zirpen) bezeichnet. Dies beschreibt die Tatsache, dass das gedehnte Signal sich verändernde Frequenzen enthält, ähnlich dem akustischen Signal, das dem Zwitschern eines Vogels entspricht.

Vielfache Anwendungsmöglichkeiten und der Nobelpreis

In der Ankündigung des Physik-Nobelpreises 2018 wurde besonders betont, dass die Entwicklung eines ultrakurzen Laserpulses mit extrem hoher Intensität, den die von Donna Strickland erfundene Methode möglich machte, bahnbrechend für viele Bereiche war und ist.

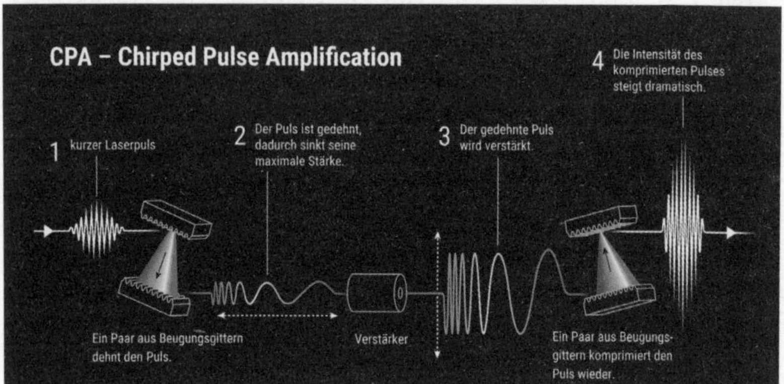

Abbildung 10: Das von Donna Strickland und Gérard Mourou entwickelte Verfahren zur Erhöhung der Laserpuls-Intensität

Diese Laserpulse werden in der Medizin angewendet z.B. bei Augenoperationen und Krebsbehandlungen sowie in der Industrie zur Herstellung von Oberflächen, die z.B. besonders ›sauber‹ sein oder spezielle chemische Reaktionen zeigen sollen. Außerdem ermöglichen Laserpulse mit extrem hohen Intensitäten Experimente in verschiedenen Forschungsbereichen der Physik. Man kann mit ihnen die Wechselwirkung von Licht mit Materie genauer studieren, Kernreaktionen stimulieren, Elektronen und Ionen beschleunigen, Plasmaphysik betreiben und somit z.B. astrophysikalische Prozesse im Labor reproduzieren.

Donna Strickland hat mit ihrer Forschungsarbeit also nicht nur neue Möglichkeiten in anderen Forschungsgebieten eröffnet, sondern auch industrielle und medizinische Entwicklungen ermöglicht, die der Gesellschaft zugutekommen.

Interessanterweise publizierte sie die entscheidende Arbeit, die ihr später den Nobelpreis einbrachte, während ihres Doktorats – eine beeindruckende Leistung.

Gemeinsamkeiten

Die geborene Kanaderin Donna Strickland forschte den Großteil des Beginns ihrer Karriere in den USA, dem Heimatland von Judith Butler.

Interessanterweise arbeitete sie dabei 1991/92 an der Universität von Berkeley, an der Judith Butler seit 1993 Professor*in ist. Die beiden verpassten sich also um ein Jahr. Ein Austausch zwischen zwei so unterschiedlichen Kolleg*innen wäre sicherlich interessant gewesen, haben die Forschungsarbeiten der beiden doch weit über das akademische Umfeld hinausreichende Bedeutung. Für Butler, die vor allem auch interdisziplinäre Anknüpfungspunkte schätzt und im engen Kontakt mit Karen Barad (siehe Seite 121) steht, wäre Stricklands Perspektive und wissenschaftlicher Zugang möglicherweise sehr spannend. Außerdem sind beide auf ihre Weise Vorbilder für marginalisierte Gruppen: Judith Butler vor allem für Mitglieder der LGBT+ Gemeinschaft und Donna Strickland für Frauen in den Naturwissenschaften und speziell der Physik. Es wäre ein großer Fortschritt in der Physik, wenn nicht nur die Marginalisierung von Frauen, sondern auch die von anderen Gruppen – LGBTQI+, POC, von Klassismus Betroffene etc. – stärker diskutiert würde. Ein Austausch von Naturwissenschaftler*innen mit eine*r Wissenschaftler*in wie Judith Butler wäre sicherlich ein wegweisender Schritt und würde weitreichende Diskussionen initiieren.

Quellen

Butler, Judith: Das Unbehagen der Geschlechter. Suhrkamp, Frankfurt a.M., 1993.

Butler, Judith: Kritik der ethischen Gewalt. Suhrkamp, Frankfurt a.M., 2002.

Schawlow, Arthur: *Optical Masers*, Scientific American 204, S. 52–61, 1961.

Strickland, Donna & Mourou, Gérard: *Compression of amplified chirped optical pulses*, Optics Communications 56, S. 219–221, 1985.

Die Frauenrechtlerinnen: Andrea Ghez & bell hooks

Physikerin: Andrea Ghez

> »Schwierige Probleme brauchen Geduld. Wenn das Problem einfach wäre, wäre es schon gelöst. Wissen zu schaffen, ist harte Arbeit« (Übersetzung d. Hg.).

Dieses Zitat von Andrea Ghez kann als Leitsatz für ihre Karriere und ihre Forschung angesehen werden. Als erst vierte Frau erhielt sie im Jahre 2020 den Physik-Nobelpreis für ihre Entdeckung eines supermassiven, kompakten Objekts im Zentrum der Milchstraße.

Andrea Ghez wurde am 16. Juni 1965 in New York (USA) geboren und studierte Physik am Massachusetts Institute of Technology (USA), wo sie 1987 ihren Bachelor erhielt. Sie wechselte danach ans California Institute of Technology (USA), um dort mit dem weltbekannten Astrophysiker Gerry Neugebauer, der die Infrarot-Astronomie revolutionierte, zu arbeiten. Sie promovierte im Jahre 1992. Nach einer zweijährigen Forschungsstelle (*Hubble Research Fellowship*) am Steward Observatory der Universität von Arizona wurde sie im Jahre 1994 zur Professorin für Physik & Astronomie an der Universität von Kalifornien, Los Angeles (UCLA) berufen. Zudem hat sie den *Lauren B. Leichtman & Arthur E. Levine*-Lehrstuhl für Astrophysik inne und ist Direktorin der von ihr gegründeten *UCLA Galactic Center Group*. Andrea Ghez ist verheiratet und hat zwei Kinder.

Schwarze Löcher – Supermassiv!

Andrea Ghez erforscht Schwarze Löcher, allerdings nicht die Art von Schwarzen Löchern, die einige Sonnenmassen haben und vermutlich aus kollabierende Sternen entstanden sind, sondern supermassive Schwarze Löcher, die Millionen bis Milliarden Sonnenmassen haben und im Zentrum von fast allen Galaxien in unserem Universum vermutet werden.[13]

Eine der Vorhersagen der von Albert Einstein 1915 formulierten Allgemeinen Relativitätstheorie ist, dass die Zeit in einem Gravitationsfeld langsamer vergeht als in Bereichen, in denen kein Gravitationsfeld vorhanden ist. Dies ist der Effekt der sogenannten *Gravitativen Zeitdilatation*, die z.B. beim Global Positioning System (GPS) in Betracht gezogen werden muss – ansonsten würde sich keine Position auf der Erde genauer als bis auf etwa einige Kilometer bestimmen lassen. Am sogenannten *Ereignishorizont* eines Schwarzen Loches ist das Gravitationsfeld so stark, dass ein Signal, das von diesem Horizont ausgesendet wird, unendlich lange braucht, um eine Beobachterin außerhalb des Horizonts zu erreichen. Deshalb erscheinen Schwarze Löcher ›schwarz‹ – nichts, was von ihrer Oberfläche ausgesandt wird, kann die Außenwelt erreichen, nicht einmal Licht. Obwohl Schwarze Löcher als Lösungen der Einstein-Gleichungen, d.h. der Gleichungen, die das Verhalten von Gravitationsfeldern in der Allgemeinen Relativitätstheorie beschreiben, auftauchen, wurden sie erst in den 1960er-Jahren wirklich ernsthaft diskutiert. Roger Penrose sagte im Jahre 1965 voraus, dass diese Objekte tatsächlich im Universum existieren. Er erhielt dafür eine Hälfte des Physik-Nobelpreises im Jahre 2020.

Andrea Ghez und ihre Arbeitsgruppe (und unabhängig von ihr eine Gruppe von Wissenschaftlern um den deutschen Astrophysiker Reinhard Genzel) begannen daraufhin, nach Schwarzen Löchern im Universum zu suchen. Beide Gruppen legten ihren Fokus auf das Zentrum der Milchstraße, von dem vermutete wurde, dass sich dort ein supermassives Schwarzes Loch befindet. Das Zentrum der Milchstraße befindet sich im Sternzeichen Schütze, etwas mehr als 25.000 Lichtjahre (ein Lichtjahr sind etwa 9,46 Billion Kilometer) von der Erde entfernt und wird typischerweise mit *Sagittarius A** (Sgr A*) bezeichnet. Wir wissen heute, dass diese Region etwa vier Millionen Sonnenmassen hat, aber nur etwa den 200-fachen Radius der Sonne besitzt – es also ein extrem kompaktes Objekt ist. Die Beobachtung von Sgr A* aus einer Distanz von 25.000 Lichtjahren ist in etwa so, als wolle man einen Tennisball aus 150 Kilometern Entfernung beobachten – man braucht extrem gute Teleskope. Andrea Ghez benutzte die beiden Teleskope des Keck Observatory, das sich auf einer Höhe von 4.145 Metern auf Mauna Kea, Hawaii befindet. Beide Teleskope haben einen Spiegel mit zehn Metern Durchmesser und sind damit (momentan) das dritt- bzw. viertgrößte Teleskop der Welt, das im optischen bzw. infraroten Bereich operiert. Andrea Ghez beobachtete die Bewegung von Sternen um das Zentrum der Milchstraße im infraroten Bereich über einen Zeitraum von mehr als 20 Jahren (Beginn der Beobachtungen: 1995). Mit Hilfe des Sterns S0-2 (vgl. Abbildung 11), der nach 15,2 Jahren einmal das Zentrum der Milchstraße umrundet hatte, konnte dann die Masse und Größe von Sgr A* bestimmt werden (vgl. Ghez et. al, 2008). Diese Beobachtungen stimmten exakt mit der Annahme eines supermassiven Schwarzen Loches im Zentrum der Milchstraße überein. Man muss sich hier nochmal die Leistung von Andrea Ghez klarmachen: sie hatte die Bewegung von individuellen Objekten in einer Distanz von 25.000 Lichtjahren beobachtet! Dazu benutzte sie neue Techniken, u.a. die Technik der *adaptiven Optik,* die die Verzerrung von Signalen durch Turbulenzen in der Erdatmosphäre korrigiert, indem der Spiegel deformiert wird.

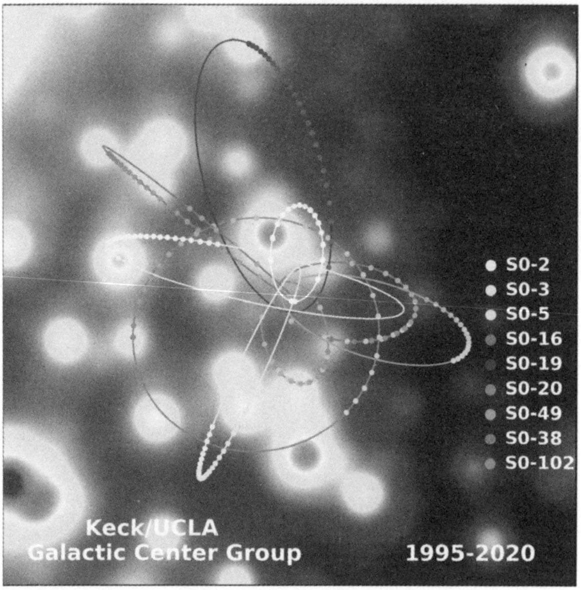

Abbildung 11: Die Bewegung einiger Sterne um das Zentrum der Milchstraße (Sgr A*) in den Jahren 1995 bis 2020. Hier handelt es sich um Daten der *Galactic Center Group (UCLA)*, die von Andrea Ghez gegründet wurde und bis heute geleitet wird.

Nobelpreis 2020

Wie bereits erwähnt, ist Andrea Ghez erst die vierte Frau, die einen Nobelpreis in Physik erhielt. Sie teilte sich 50 % des Preises mit dem Astrophysiker Reinhard Genzel, der zusammen mit seiner Gruppe in München ähnliche Beobachtungen machte. Obwohl Andrea Ghez' Gruppe das zunächst bessere Teleskop zur Verfügung hatte, sie den gleichen Anteil an dem Nobelpreis hat wie Reinhard Genzel, werden ihre Publikationen deutlich weniger zitiert als die von Genzel. Auch der Wikipedia Artikel zum Thema *Sagitarrius A** bespricht hauptsächlich die Arbeiten von Genzels Gruppe und erwähnt Andrea Ghez' Namen genau ein Mal. Man kann hier nur spekulieren, warum dem so ist ...

Philosophin: bell hooks

Ende 2021 starb bell hooks im Alter von 69 Jahren. Ihre Bedeutung besonders für postkoloniale, poststrukturalistische, intersektional-feministische und damit auch philosophische Diskurse ist unermesslich. Als Carla Schriever am Abend des Todes von bell hooks einem Kollegen, der Professor für Philosophie ist und über einen immensen Wissensschatz verfügt, ihre Trauer mitteilte, verstand er nicht und fragte: »bell, wer?«.

bell hooks, die als Professorin in Kentucky lehrte, gilt als Verfechterin eines intersektionalen Feminismus, der sowohl Fragen von Rassismus als auch Bedeutungen von Klassismus mitdenkt. Dabei übte sie in ihren Werken und Vorträgen stets Kritik an weißer Vorherrschaft, dem Kapitalismus und dem Patriarchat und hatte dabei immer die tieferliegenden Zusammenhänge dieser Machtgeflechte vor Augen. Diese Kontexte lehrte bell hooks nicht nur theoretisch: Ihr größtes Vermächtnis sind wahrscheinlich ihre didaktischen Werke, die viele Jahre nicht mehr gedruckt und erst vor Kurzem wieder neu aufgelegt wurden.

Antirassismus und Antiklassismus gehören zusammen

Das Problem verschiedener antidiskriminierender Ansätze ist, dass solange sie nicht intersektional gedacht werden, also die Bezüge und Eingebundenheiten der Menschen in Strukturen wie Herkunft, Klasse, Geschlecht, sexuelle Identität, Religion, Alter und Krankheit nicht mitgedacht werden, sie auf andere Formen von Unterdrückung zurückgreifen und Ausschlusskriterien reproduzieren. Ein gutes Beispiel dafür ist der westliche Feminismus, der sich z.B. zu Zeiten von Simone de Beauvoir entwickelte. Es handelte sich um einen Feminismus, der die Problemlagen weißer, privilegierter, bürgerlicher Frauen in den Fokus nahm, wichtige Themen wie Wahlrecht und Selbstbestimmung. Die Bedürfnisse und Problemlagen von PoC-Frauen und schwarzen Menschen wurden darin genauso wenig berücksichtigt wie die Perspektiven trans-sexueller, nicht-binärer und intersexueller Personen oder Perspektiven von Arbeiter*innen und erwerbslosen Frauen. Damit hatte der Feminismus zu kurz gegriffen, eine Erweiterung ist heutzutage unumgänglich und wir lernen immer weiter dazu. Für hooks ist es besonders wichtig, dass Menschen, die über Privilegien verfügen, diese einsetzen, um politisch zu handeln, dies aber nicht tun, um für marginalisierte Gruppen zu sprechen, sondern ihren Einfluss als Türöffner*innen nutzen (vgl. hooks, 2000, S. 23). Damit stellt sie in den Vordergrund, dass die Grundlage von Solidarität nicht die geteilte Erfahrung ist, sondern ein Verständnis von rassistischen Strukturen auf einer politischen und ethischen Basis entstehen kann und an dieser Stelle einen Verzicht auf Dominanzverhalten und ein kritisches Privilegienbewusstsein hervorbringen kann (vgl. ebd. S. 55). Für hooks ist das Wichtigste, dass diese Perspektive zur Entwicklung eines kritischen Bewusstseins in der Erziehung beiträgt. Ziel ist, dass Menschen, die Privilegien besitzen, es schaffen, sich der Herrschaftsstrukturen zu entledigen, in denen sie verwurzelt sind. In diesem Prozess sollen sie sich jedoch nicht als Opfer fühlen, sondern vielmehr das Gefühl haben, Teil einer solidarischen Gemeinschaft zu werden.

Transformation lernen

Neben ihrer theoretischen Kritik beschäftigte bell hooks die Anwendbarkeit ihrer Konzeptionen auf Erziehung und Bildung. Obwohl hooks einen Doktor*innentitel hatte und als Professorin lehrte, zeichnete sich ihre Lehre durch Niedrigschwelligkeit und Verständlichkeit aus. In ihren drei Werken zum Thema Lehre *Teaching to transgress* (1994), *Teaching critical thinking* (2010) und *Teaching for community* (2004) setzte hooks Standards, die sich ganz im Sinne einer kritischen Pädagogik verstehen. Ziel der Texte ist es, Machtstrukturen in Klassenzimmern und Seminarkontexten zu hinterfragen und mit praktischen Übungen den Versuch zu wagen, diese auszuhebeln. Dabei deckt sie auf, dass Hierarchien nicht nur zwischen den Lehrenden und den Lernenden entstehen, sich wiederholen und durch Handlungen manifestiert werden, sondern auch, dass es durch unterschiedliche gesellschaftliche Zugehörigkeiten auch innerhalb der Klasse Hierarchien gibt, die nicht nur den Mikrokosmos Klasse, sondern den Makrokosmos der Gesellschaft insgesamt abbilden. Durch die unterschiedlichen Hierarchien und ihre differenzierten Wirkmuster erzieht das Bildungssystem laut hooks Lernende zur Unterwürfigkeit (vgl. hooks,

1994, S. 55) und ermöglicht ihnen nicht, innerhalb ihres Bildungsprozesses freie und engagierte Lernende zu werden. Aus dieser Überzeugung entsteht bei hooks das Plädoyer für eine Aufhebung der Hierarchien, an deren Stelle ein Gemeinschaftsgefühl treten soll. In diesem Kontext sollen Themen wie *race*, *class* und *gender* aus multidimensionalen Perspektiven betrachtet und zusammen dekonstruiert werden (vgl. hooks, 201, S. 5). Dabei geht hooks davon aus, dass jede lernende Person einen wertvollen Beitrag zum Gelingen der Seminar-Unterrichtsstunde leisten kann. Wenn Lernende davon überzeugt werden können, verschiebt sich die Dynamik im Lernraum (vgl. ebd. S. 22). Lernende werden in diesem Prozess verstehen, dass der Bildungskontext für ihre Selbstentwicklung zur Verfügung steht und ihnen Weiterentwicklung ihrer Kompetenzen ermöglicht (vgl. ebd.).

Erziehung und Lehre soll Lernenden Freiheit vermitteln. Um diese Vorstellung zu verwirklichen, bedarf es laut hooks einer radikalen Transformation von Bildungskonzeptionen, einer Veränderung, die auch ein tieferes Verständnis von Demokratie und Gerechtigkeit ermöglichen wird (vgl. ebd. S. 27). Um diese Form des kritischen Denkens in traditionellen Lehr- und Lernkontexten zu etablieren, sollen Lernende für jedes Verhalten belohnt werden, das hierarchischen Strukturen und Voreingenommenheit in der Vermittlung von Lehrinhalten widerspricht. Dieser Widerstand ist es es, der für hooks aus einer Lehr- und Lernkultur, die von Rassismen, Klassismen und Sexismen geprägt ist, hinausführen kann. hooks Aufforderung an uns alle, die wir Lehrende sind, lautet: ›teach to transgress and to transform‹ – Lehre, um Grenzen zu überschreiten und zu verändern. Und an alle von uns, die wir Lernende sind: ›resist dominant educational hierarchy and transform education‹ – Widerstehe den hierarchischen Bildungsstrukturen und transformiere Bildungsprozesse durch Handlung (vgl. ebd. S. 27 f.).

Gemeinsamkeiten

Andrea Ghez hat sich bereits zur Zeit ihrer Promotion für Frauen in der Wissenschaft eingesetzt. Sie widmete ihre Doktorarbeit »all the women scientists I have known« – »allen Wissenschaftlerinnen, denen ich begegnet bin« (vgl. Ghez, 1992). Wenn wir uns fragen, worüber bell hooks und Andrea Ghez gesprochen hätten, so lässt sich sicherlich sagen: über Fragen des Bildungssystems und der Einbeziehung von Frauen in die Wissenschaften. Sicherlich hätte bell hooks mit ihrer kritischen anti-rassistischen und anti-klassistischen Perspektive neue Impulse geben können. Hinsichtlich der in ihnen enthaltenen Transgression, an der hooks allgemein sehr interessiert war, und im Kontext ihrer interdisziplinären Interessen hätte sie an Ghez hochaktuellen Forschungen höchstwahrscheinlich Gefallen gefunden.

Quellen

hooks, bell: *Feminismus für alle.* Unrast, Münster, 2022.

hooks, bell: Teaching critical thinking. Routledge, New York, 2010.

hooks, bell: Teaching to transgress, Routledge, New York, 1994.

Ghez, Andrea et al.: *Measuring distance and properties of the Milky Way's Central Supermassive Black hole with stellar orbits,* The Astrophysical Journal 689, S. 1044–1062, 2008.

Ghez, Andrea: *The Multiplicity of T Tauri Stars in the Star forming regions Taurus-Auriga and Ophiuchus – Scorpius: A 2.2 micrometer Speckle Imaging Survey*, PhD thesis, California Institute of Technology, 1992.

Auf der Suche nach Einheit: Donna Haraway & Mary K. Gaillard

Philosophin: Donna Haraway

Suchen wir nach Verbindungen zwischen Naturwissenschaften und der Philosophie, so suchen wir nach Autorinnen wie Donna Haraway, die ihre Philosophie zunächst mit der Biologie verbindet. Haraway überschreitet ihrer Philosophie aus lebenswissenschaftlicher Betrachtung nicht nur die Grenzen zwischen den Fachbereichen, sondern führt die Kritik am Essentialismus und der Konstruktion von trennenden Idenifikationsbegriffen noch weiter. Haraway lässt uns fragen: Warum wollen wir uns mit der Kritik an Geschlechterdifferenzlinien zufriedengeben, wenn wir andere Unterscheidungen fast als naturgegeben akzeptieren, zum Beispiel die Grenzen zwischen menschlichem und tierischem Leben.

Darin steckt nicht nur eine biologische Perspektive, die Leser*innen von Ökologie- und Nachhaltigkeit Diskursen in Diskussionen über Tierschutz und Neuordnungen von Ernährungsformen führt. Für Haraway geht es nicht allein um eine Gemeinschaft – eine Gefährt*innenschaft – mit den Tieren. Es geht auch um einen Abschied von Bewertungen unterschiedlicher Lebensformen auf unserem Planeten. Dazu zählt auf der einen Seite die dem Menschen vorgängige Natur und auf der anderen Seite die vom Menschen erschaffene Digitalität oder künstliche Intelligenz. Diese Verbundenheit aller Dinge bildet quasi eine Zwischenform zwischen Butlers Ansatz und dem von Karen Barad. Ziel ihrer Arbeit ist es, eine politische Ethik zu entwickeln, die die Möglichkeit der Verbundenheit zu radikalen Andersheiten ermöglicht. Bemühen wir an dieser Stelle das Beispiel von Jacques Derrida, das ihn zum Nachdenken über die Tierethik in *Das Tier, das also ich bin* brachte. Es ist die Begegnung mit seiner Katze, die diese Gedanken in Gang setzt. Er begnet ihr nackt nach dem Duschen, und während die Katze –ihn ohne Scham ansieht, stellt er fest, dass er sich vor der Katze sehr wohl schämt. Da er sichvor einem Gegenstand nicht schämen würde, folgert er, das die Katze, anders als in der westlichen Philosophie, z.B. bei Descartes, wiederholt behauptet, keine Maschine ist – kein Gegenstand, sondern ein Subjekt. Der Grund, warum Derrida sich vor dem Blick seiner Katze schämen kann, ist ihm zufolge, dass die Katze eine Andersheit besitzt, die er nicht zu verstehen vermag. Da wir uns oft fragen, was andere Menschen über uns denken, da aber zumindest vermuten, dass sie eine ähnliche Perspektive haben wie wir, kann dies für die Katze nicht gelten. Der Blick der Katze löst etwas aus und dieses Auslösen zeigt ihre Andersheit an. Was für Derrida die Katze, ist für Haraway ihr Hund. Der Gefährt*innenschaft zwischen ihr und ihrer Hündin Cayenne widmet sie viele theoretische Konzeptionen (Haraway 2018). Vorwiegend geht es dabei um die Ausgestaltung und die Möglichkeiten einer Gefährt*innenschaft und um die Frage, was diese wiederum für beide bedeuten könnte. Gefährt*innenschaft laut Haraway müsste ein Prozess der freien Entscheidung und des gegenseitigen Einverständnisses sein. Mensch und Tier müssten in eine Form von Gleichberechtigung kommen um ihre kategoriale Gleichwertigkeit zu verdeutlichen (vgl. ebd. S. 45). Dies deutet ein wesentliches Potenzial von Haraways Theorie an, die Verabschiedung von westlichen Dualismen, denn diese Dualismen und ihre Bedeutungsebenen haben die Herrschaft über die Welt und das Tierreich und damit gleichzeitig ihre Zerstörung erst möglich gemacht. Das Verschwimmen dieser Begrifflichkeiten ermöglicht den Raum dazwischen, ermöglicht das Hören auf das Andere – ohne ein Verstehen an die erste Stelle zu setzen (vgl. ebd. S. 66).

Cyborgs

Wir sollten nicht nur auf die grundlegenden Kategorien zur Unterscheidung von Geschlechtern, Mensch/Tier, Mensch/Natur verzichten lernen, sondern Haraway fordert uns zudem auf, gleiches auch für andere Formen von Existenz, sogenannte Cyborgs, zu tun. Haraway hat das *Cyborg Manifesto* 1985 geschrieben, heute könnten wir an dieser Stelle die Diskussion um künstliche Intelligenz und Algorithmen einfügen. Auch hier erkennen wir eine Form von Andersheit, die uns Rätsel aufgibt, ob es Werbung ist für Themen, über die wir gerade mit Freund*innen gesprochen haben, oder Berichte von Pflegerobotern für demenzerkrankte Personen. Computer und digitale Medien sind schon lange Teil unseres Lebens geworden.

Cyborgs sind nach Haraways Verständnis Mischformen zwischen Menschen und Maschinen. Der Cyborg kann durch seine offensichtliche grenzüberschreitende Erscheinungsform – die Grenzen zwischen dem Menschlichen und der Maschine verschwimmen – irritieren und das ist seine wesentliche Eigenschaft. Die Verwirrung, die die Erscheinung des Cyborgs auslöst, verwischt die Dualismen und hinterfragt unser so offensichtliches Verständnis von Kategorien. Der Cyborg unterliegt keiner eigenen Kategorie – er ist das Dazwischen. Eine Andersheit, die sich unserem kontextualisierten Verständnis entzieht (Haraway 1985, S. 65).

Haraway, als feministische Wissenschaftstheoretikerin, hält den Cyborg für prädestiniert, die gesellschaftliche Ordnung und die vom Patriarchat hervorgebrachten Strukturen und Dualismen produktiv zu hinterfragen. Die Tatsache, dass der Cyborg das Dazwischen symbolisiert, führt dazu, dass sich die Figur des Cyborgs der Sprache und damit der grammatikalischen Festlegung entzieht und somit einen wesentlichen Beitrag zur Unterwanderung diskriminitarorischer Sprachmuster leistet. Die Überschreitung, die Haraway vorschwebt, ist sowohl beruflicher als auch körperlicher Natur (vgl. ebd. S. 65). In ihrer Cyborg-Theorie beschreibt sie zwei durch die Einführung des Cyborgs mögliche Welten. Die erste utopische Zukunftsvision schließt unmittelbar an sozialistische und radikal feministische Kontexte an: Durch den Bruch zwischen dem Körperlichen und dem Technischen kann der marginalisierte menschliche Körper aus der Unterdrückung durch das Patriarchat ausbrechen. Die zweite Perspektive eröffnet das Spiel mit der Fluidität. Die kategorialen Grenzen (Mensch/Tier, Mensch/Maschine) verschwimmen zu einem positiven Ergebnis. Das Denken in Kategorien, die diskriminieren und unterdrücken, kann aufgegeben werden und die Menschheit kann durch diesen Aspekt zu einer neuen Form der Reflexion und des Verständnisses von Andersheit gelangen und diese sowohl in tierischer Gefährt*innenschaft als auch in der Gesellschaft von Cyborgs neu entdecken (Haraway 1985).

Diesem Prozess – der Entwicklung und dem Umgang mit der Maschine, der zunehmenden Technisierung und Digitalisierung – produktiv zu begegnen, ist wohl ohne Zweifel als eine der zentralen Herausforderungen der nächsten Jahrzehnte zu werten. Vor allem die Tatsache, dass Menschen durch die Nutzung von Smart-Technologien eine enge Verzahnung zwischen sich und einer Maschine selbstständig und freiwillig herbeiführen, zeigt, wie nah Menschen inzwischen dem Cyborg gekommen sind. Auch die Vorstellung (die in vielen Ländern schon keine Fiktion mehr ist), dass Mikrochips unter die Haut transplantiert werden können, um damit Zahlungsprozesse, Identitätsprüfungen und sogar räumliche Zugänge zu vereinfachen, ist ein Thema, das in nicht allzu ferner Zukunft thematisiert wird. Für Haraway können wir diese Entwicklungen trotz und vielleicht auch wegen der vermeintlichen Unkontrollierbarkeit zu unserem Vorteil nutzen und uns zu einer Veränderung unseres Denkens über Kategorien, Herrschaft und Gemeinschaft anleiten lassen – gemeinsam mit jenen, die wir weder kennen, noch vollends kontrollieren können.

Physikerin: Mary K. Gaillard

»She did it all« – so sagte ein Kollege über Mary K. Gaillard. Diesen Satz kann man verschiedentlich interpretieren. Mary K. Gaillard, die am 1. April 1939 in New Jersey geboren wurde, hat wichtige Beiträge zu allen Bereichen der theoretischen Physik geleistet. Außerdem zog sie neben ihrer Karriere als bedeutende theoretische Physikerin drei Kinder groß und folgte zu Beginn ihrer Karriere ihrem Mann, der auch Physiker war, zunächst nach Paris (wo sie 1968 ihren Doktortitel erhielt) und dann später ans CERN nach Genf. Während ihr Mann eine Langzeitstelle am CERN bekam, wurde ihr nie mehr als eine Besucherstelle gewährt – und das für 20 Jahre und obwohl sie während ihrer Forschung dort entscheidende Beiträge zur Teilchenphysik machte (sie sagte z.B. die Masse des sogenannten Charm-Quarks voraus, bevor es tatsächlich beobachtet wurde (vgl. Gaillard, 1975)). Nachdem sie in den Jahren 1979 bis 1981 eine Forschungsgruppe am Laboratorium für Teilchenphysik in Annecy, Frankreich gegründet und etabliert hatte, kehrte sie in die USA zurück, wo sie 1981 die erste weibliche Professorin für Physik an der Universität Berkeley wurde. Sie ist nach wie vor aktiv und nimmt an Konferenzen und Workshops teil.

Charm und Superstrings

Mary K. Gaillard schuf während ihrer Karriere bedeutende Beiträge zum Standardmodell der Teilchenphysik. Vor allem war sie zunächst an der sogenannten starken Wechselwirkung interessiert und stellte im Jahre 1973 während eines Gastaufenthalts am Fermilab in Chicago, USA, zusammen mit Benjamin Lee Berechnungen zur Masse des Charm-Quarks an. Ein Jahr später wurde dieses Elementarteilchen am Teilchenbeschleuniger SLAC in Stanford (USA) entdeckt. Zusammen mit John Ellis arbeitete sie an Kollisionen zwischen Elektronen und dessen Anti-Teilchen, dem Positron. Später wandte sie sich Theorien zu, die versuchen, alle vier fundamentalen

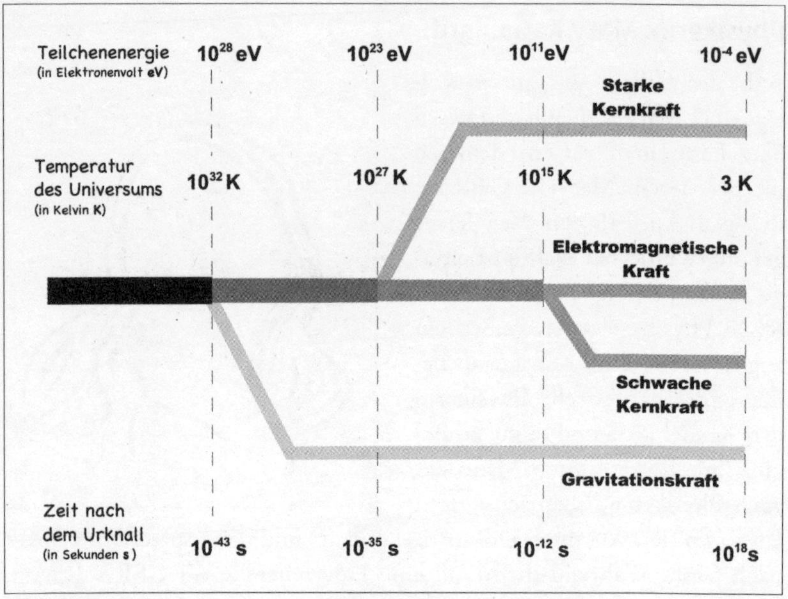

Abbildung 12:
Vorhergesagte Vereinheitlichung der elementaren Kräfte bei hohen Energien.

Wechselwirkungen zu vereinigen. Dazu gehören die Superstring-Theorie und Super-Gravitationstheorien[14]. Sie interessiert sich dabei vor allem für Voraussagen dieser Theorien und wie diese experimentell (in Teilchenbeschleunigern) und/oder beobachtend (im Rahmen der Kosmologie) bestätigt werden können. Da terrestrische Teilchenbeschleuniger limitiert sind (zurzeit bei etwas mehr als der Energie der elektroschwachen Vereinheitlichung), versuchen theoretische Physiker*innen, Vorhersagen mithilfe der Kosmologie und Beobachtungen des frühen, hochenergetischen Universums zu treffen (siehe Abbildung 12).

Diskriminierung und ein Bericht

Mary K. Gaillard beschreibt ihre Zeit am CERN als einen vom »zielstrebigen Antifeminismus« des damaligen Leiters der Theoriegruppe, Leon Van Hove, geprägten Abschnitt ihrer Wissenschaftskarriere. Sie war praktisch isoliert und konnte nur wenig (oder gar nicht) mit Kollegen diskutieren. Daher publizierte sie auch den Großteil ihrer frühen Arbeiten alleine.

1980 schrieb sie den *Bericht über Frauen in wissenschaftlichen Karrieren am CERN.* Darin ist zu lesen, dass nur drei Prozent der wissenschaftlichen Mitarbeiter*innen am CERN Frauen waren. Obwohl sich Mary K. Gaillard in diesem Bericht auch vehement für die Gleichbehandlung von Frauen einsetzte, dauerte es leider weitere 14 Jahre, bis die erste Frau auf eine solche Stelle berufen wurde. Im Jahre 2015 veröffentlichte Mary K. Gaillard eine Autobiografie mit dem Titel *A singularly unfeminine profession,* in der sie über ihre Karriere, ihre Entdeckungen und auch den oft offenen Sexismus gegen sie berichtet.

Gemeinsamkeiten

Der größte Teilchenbeschleuniger der Welt am CERN in Genf gilt unter Physiker*innen als der ›Tempel des Wissens‹. Die berühmtesten Physiker*innen der Welt treffen sich dort, um die Rätsel der Natur und des Universums zu entschlüsseln. Oft zeigt sich jedoch gerade an diesen weltbekannten und hochentwickelten Forschungszentren, dass eine lange Tradition von sexistischen Geschlechterassoziationen in der Sprache der Wissenschaft herrscht. Etwas, das Donna Haraway kritisierte und kommentierte und das Mary K. Gaillard ebenso erfahren hat. Zudem finden sich am CERN der Mensch und die hochentwickelten Maschinen (Teilchenbeschleuniger, Supercomputer etc.) in einer Art Symbiose zusammen, um neues Wissen hervorzubringen, etwas, was sich in Haraways Idee von den Cyborgs wiederfinden lässt.

Obwohl beide Wissenschaftlerinnen in den USA arbeiten und leben ist nicht bekannt, ob sie sich jemals ausgetauscht haben.

Quellen

Gaillard, Mary K., Lee, Benjamin, and Rosner, Jonathan: Search for Charm,

Rev. Mod. Phys. 47, S. 277–310, 1975.

Gaillard, Mary K.: A singularly unfeminine profession: A woman's journey in physics, World Scientific, 2015.

Gibson, Val: She did it all, Nature. 524, S. 160, 2015.

Haraway, Donna: A Cyborg Manifesto. Science, Technology and socialist feminism in the late twentieth century, Socialist Review, S. 64–68, 1985.

Haraway, Donna: Unruhig bleiben. Die Verwandschaft der Arten im Chthuluzän. Campus, Frankfurt, 2018.

Verschränkungen lernen

Karen Barad

Zum Abschluss dieses Buches möchten wir eine Wissenschaftler*in vorstellen, die interessanterweise Gemeinsamkeiten mit der vor zwei Jahrtausenden lebenden Symbolfigur Hypatia besitzt. Wie in den vorherigen Kapiteln ausgeführt, haben sich im Laufe der Wissenschaftsgeschichte die Disziplinen der Naturwissenschaften/Physik und Philosophie voneinander getrennt. Natürlich gibt es die ›Philosophie der Naturwissenschaften‹, die vor allem im Laufe der letzten 100 Jahre wieder populärer wurde, aber wir verstehen hier Philosophie vor allem im Kontext der für die Zeit Hypatias typischen Herangehensweise: Philosophie sollte gesellschaftsrelevante und politische Dimensionen haben und nicht nur akademisch betrieben werden.

Diese ›Vermischung‹ von akademischen Ideen, die sich direkt im alltäglichen Leben anwenden lassen, findet sich bei Karen Barad. Am 29. April 1956 geboren, beschritt Karen zunächst den Weg einer theoretischen Physikerin. Ihr Dissertation, die sie im Jahre 1984 an der Stony Brook University in New York (USA) fertigstellte, trägt den Titel *Fermions in Lattic Gauge Theories,* beschäftigt sich also mit Theoretischer Teilchenphysik (vgl. Barad, 1984). Es finden sich einige Publikation mit ihrem Namen und vermutlich hatte sie in der Zeit 1986/1987 eine Tenure-Track-Professur an der Columbia University New York (USA). Ab 1987/1988 wechselte sie dann aber in den Bereich Philosophie für Naturwissenschaften und ist zur Zeit Professorin für *Feminist Studies, Philosophy and History of Consciousness* an der Universität von Kalifornien in Santa Cruz (USA). Das zu Hypatias Zeiten traditionelle Verständnis von Philosophie und Naturwissenschaften als das Betätigungsfeld der Universalgelehrten (zu denen offiziell natürlich nur männliche Wissenschaftler gehörten) führte Barad von der Physik in die Philosophie. In einem Vortrag 2015 erwähnte sie, dass die Physik ihr einfach nicht alle Fragen beantworten konnte und sie zur Klärung dieser Fragen die Philosophie konsultierte.

2007 veröffentlichte sie ihr bahnbrechendes Buch *Meeting the Universe Halfway: Quantum Physics and Entanglement of Matter and Meaning* (vgl. Barad, 2007). Dieses Buch enthält die Grundlagen ihrer Philosophie und zeigt deutlich die oben diskutierten Charakteristika: Sie diskutiert die Philosophie der Quantenphysik (wie viele andere prominente Wissenschaftler*innen/Philosoph*innen im Laufe der letzten 100 Jahre), geht aber darüber hinaus und diskutiert die Bedeutung ihrer Ansätze auch für Politik und Gesellschaft. Ihre Beiträge zählen sicherlich zu den wichtigsten in der Philosophie der letzten Jahrzehnte. Wie Hypatia verstehen wir sie als Universalgelehrte, die nicht nur akademisch die Zusammenhänge zwischen Physik und Philosophie diskutiert, sondern mit transdisziplinären Ansätzen eine neue Sichtweise schafft.

Quantenphysik

Anders als die klassische Newtonsche Physik macht die Quantenphysik die Aussage, dass, wenn man Physik auf subatomaren Skalen betrachtet, sich alles sowohl wie eine Welle als auch wie ein Teilchen verhalten kann. Dies ist die sogenannte Welle-Teilchen-Dualität, die zunächst vollkommen kontra-intuitiv erscheint. Wie kann sich etwas, das sich wie ein Teilchen verhält (man denke an einen Fußball), plötzlich wie eine Welle verhalten (man denke an Wasserwellen)?

Man würde diese Idee vollkommen verwerfen, wäre sie nicht experimentell bestätigt. Licht kann sich wie eine Welle verhalten (Thomas Young zeigte dies im Jahre 1801 in seinem berühmten Doppelspaltexperiment), aber eben auch wie ein Teilchen. Letzteres zeigt sich, wenn man ein Material mit Licht bescheint. Die experimentellen Resultate können nur korrekt interpretiert werden, wenn man annimmt, dass Licht in Quanten, sogenannten Photonen erscheint. Dies ist der photoelektrische Effekt, der 1905 von Albert Einstein erklärt wurde und für den er 1921 den Physik-Nobelpreis erhielt. Auch Objekte, die man sich fast immer als Teilchen vorstellt, z.B.

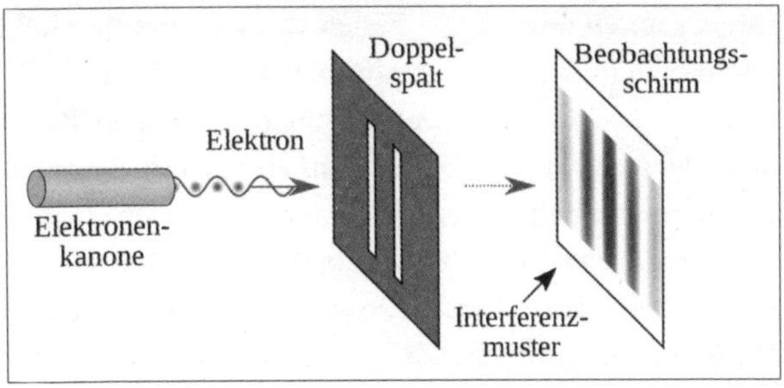

Abbildung 13: Elektronen zeigen im Doppelspaltexperiment das Verhalten von Wellen

Elektronen oder Nukleonen, verhalten sich im Doppelspaltexperiment wie Wellen – sie zeigen ein Interferenzmuster (vgl. Abbildung 13).

Es zeigte sich, dass die quantenmechanische Beschreibung der Natur anders zu interpretieren ist als die klassische Newtonsche Physik. In der Newtonschen Physik kann man z.B. durch Angabe der Position und Geschwindigkeit eines Objekts zu einem gegebenen (initialen) Zeitpunkt die Position und Geschwindigkeit dieses Objekts mithilfe der Bewegungsgleichungen zu jedem beliebigen späteren Zeitpunkt eindeutig bestimmen. Die Newtonsche Physik ist deterministisch. Die Quantenphysik beruht hingegen auf der Vorhersage der Wahrscheinlichkeit, ein Teilchen an einem bestimmten Ort zu finden. Die Wellenfunktion, die oft mit dem griechischen Buchstaben Ψ bezeichnet wird, taucht in der sogenannten Schrödinger-Gleichung auf. Diese Gleichung erlaubt unter Angabe der Wellenfunktion zu einem initialen Zeitpunkt die Bestimmung der Wellenfunktion zu jedem späteren Zeitpunkt. Dies erscheint zunächst analog zur Newtonschen Bewegungsgleichung und folglich deterministisch. Nun hat aber die Wellenfunktion per se keine physikalische Bedeutung, nur ihr Absolutwert zum Quadrat $|\Psi|^2$ hat die Interpretation einer Wahrscheinlichkeit, z.B. gibt der Absolutwert zum Quadrat an einem Ort zu einer Zeit $|\Psi(x,t)|^2$ die Wahrscheinlichkeitsdichte an, das Teilchen an diesem Ort x zu dieser Zeit t zu finden. Diese wahrscheinlichkeitstheoretische Interpretation der Quantenmechanik geht auf Max Born zurück, der diese *Born-Regel* im Jahre 1926 formulierte. Die Frage ist dann, wie physikalische Experimente zu verstehen sind – schließlich können wir diese im Labor durchführen und bekommen immer eine eindeutige (und nicht wahrscheinliche) Aussage. Hier liegt eins der am meisten diskutierten Probleme der Quantenphysik, das Messproblem. Dazu stelle man sich einen geschlossenen Container mit roten, grünen und blauen Bällen vor. Die drei möglichen Farben der Bälle nennt man in der Quantenphysik Eigenzustände der Bälle. Entnehmen wir nun mit geschlossenen Augen einen beliebigen Ball aus dem Container und ›messen‹ dessen Farbe, können wir mit Bestimmtheit sagen, ob der entnommene Ball rot, grün oder blau ist. In der Quantenphysik wird dieser Messprozess wie folgt beschrieben: vor der Entnahme des Balles befindet sich dieser in einer *Superposition* von drei möglichen Eigenzuständen. Die Wellenfunktion des Balles vor der Messung ist $\Psi = a_r \Psi_r + a_g \Psi_g + a_b \Psi_b$, wobei die Indizes r,g,b für rot, grün, blau stehen. Ψ_r, Ψ_g, Ψ_b beschreiben die Eigenzustände, während a_r, a_g, a_b Konstanten sind. Nun sagt die Quantenphysik, dass bei unserer Messung mit der Wahrscheinlichkeit $|a_r|^2$ der Ball rot ist, mit der Wahrscheinlichkeit $|a_g|^2$ der Ball grün ist und mit der Wahrscheinlichkeit $|a_b|^2$ der Ball blau ist. Nehmen wir nun an, unsere Messung hat ergeben, dass der entnommene Ball blau ist. Dann ist die Wellenfunktion nach der Messung definitiv Ψ_b. Wie dieser oft als ›Kollaps der Wellenfunktion‹ bezeichnete Prozess zu verstehen ist, wird auch heute noch viel diskutiert. Die gängige Interpretation ist, dass das System während des Messprozesses mit der Messapparatur untrennbar verbunden (im Englischen ›entangled‹) wird. *Entanglement* und die Interpretation dieses Prozesses ist genau der Ausgangspunkt von Karen Barads Philosophie.

Im Jahre 1935 publizierten Einstein, Podolsky und Rosen einen Artikel, in dem sie ein Paradox beschrieben (das EPR-Paradox), das sich ihrer Meinung nach aus der Interpretation der Quantenmechanik ergab (vgl. Einstein & Podolsky & Rosen, 1935).

Die Idee ist folgende: man nehme zwei Teilchen A und B und lasse die beiden einen verschränkten Zustand (im Englisch: entangled state) bilden. Man nehme weiterhin an, dass die beiden möglichen Eigenzustände der Teilchen mit 0 und 1 bezeichnet werden (0 und 1 können irgendwelche Eigenschaften sein, z.B. Farbe, Ladung etc.). Der verschränkte Zustand ist dann eine Summe des Zustandes, in dem Teilchen A sich in 0 befindet und Teilchen B in 1 und des Zustandes, in dem Teilchen A sich in 1 und Teilchen B sich in 0 befindet. Einstein, Podolsky und Rosen nahmen dann an, dass eine Messung am Teilchen A mit Ergebnis 0 automatisch zu dem Schluss führen müsste, dass Teilchen B in 1 ist und dass eine Messung am Teilchen A mit Ergebnis 1 nur den Schluss zuließe, dass Teilchen B in 0 sei. Man hätte also Kenntnis über Teilchen B, ohne es je wirklich zu vermessen. Wären 0 und 1 nun zwei nicht-kompatible Größen, die nach dem

Heisenbergschen Unschärfeprinzip niemals gleichzeitig exakt gemessen werden können, da die Messung der einen Größe das System so verändert, dass man keine genaue Kenntnis mehr über die andere Größe haben kann, würde der oben beschriebene Messprozess dieses Prinzip verletzen, da man beide Größen exakt messen könnte. Einstein, Podolsky und Rosen schlossen daraus, dass die Quantenphysik ein Problem habe. Niels Bohr antwortete innerhalb kurzer Zeit auf diesen Artikel (vgl. Bohr, 1935) und erklärte, dass man das System aus zwei Teilchen und den Messapparat nicht als getrennt annehmen könne. Selbst bei der Messung von Teilchen A würde das Gesamtsystem sich verändern und einen verschränkten Zustand eingehen. Dieses Phänomen der Verschränkung (Entanglement) ist heute experimentell bestätigt.

Über Entanglement

Das Entanglement ist es, mit dem Barad auch die klassischen Grenzen der Philosophie überschreitet. Sobald das Subjekt auftritt und sich selbst mit dem Begriff ›ich‹ bezeichnet, ist laut Barad die Frage zu stellen, welche Motive, welche Kontinuitäten und Diskontinuitäten genau dieses Subjekt hervorgebracht haben. Im Wesentlichen schließt sie hier an die feministische Philosophie und vor allem auch an die Theorien von Judith Butler sowie an den Poststrukturalismus an. Damit wäre das Subjekt vom Moment seiner Geburt konstituiert durch den Ort seiner Geburt, die vorfindbare Kultur, Sprache, familiäre und infrastrukturelle Beschaffenheiten der Gesellschaft. Barad entwickelt diesen Gedanken weiter: das Subjekt erfährt sich in einem lebenslangen Prozess von Verschränkungen, in der eine permanente Wechselwirkung zwischen den Materialien in der Welt – der Nahrung, die das Subjekt zu sich nimmt, den Büchern und Texten, die es konsultiert, den Begegnungen, die es erlebt – entsteht und dem Subjekt somit erst ermöglicht zu existieren. Die Existenz des Subjekts ist somit durch seine Verschränkung mit der existierenden Materie – und damit auch mit anderen Lebewesen (Menschen, Tieren, Natur) – mitbestimmt. Damit widerspricht Barad einem zentralen Thema westlicher Philosophie, der Zentralität des Individuums (vgl. Juelskjaer, 2012, S. 11). Die Konzeption, die dieser Verschränkung einen Rahmen gibt, wird von Barad als *apparatus* bezeichnet, dieser ist dem Subjekt vorgängig. Auch an dieser Stelle zeigen sich Bezüge zu poststrukturalistischen Perspektiven, die davon ausgehen, dass die Gesellschaft mit ihren Normen und Regeln bereits existiert und die

Subjekte sich innerhalb ihrer Grenzen ausdrücken können. In Barads Vorstellung wird gerade dieser *apparatus* noch greifbarer, indem sie beschreibt, dass dieser eine Art Eigenleben führe, dass niemand ersichtlich die Verantwortung für den apparatus habe, dass unklar wäre, wer ihn zu welchem Sinn gebaut habe, dass niemand ersichtlich zuständig sei für Rekonfigurationen und wie genau dieser apparatus funktioniere und zu welchem Zweck. Verstehen wir den *apparatus* als eine Metapher für die Gesellschaft können wir genau diese Dimensionen erkennen: von außen betrachtet mag durch politische Gremien und Führungsetagen etwas repräsentiert sein, das so klar gar nicht ist. Die Struktur der Gesellschaft zu verstehen, bedeutet, sich auf eine poststrukturalistische Sichtweise einzulassen und auf die Suche nach den innersten Zusammenhängen zu gehen. Barad wendet sich an Emmy Noether, wenn sie versucht die inneren Wirkungen und Regel zu beschreiben, nach denen der apparatus funktioniert. Ziel dieser Betrachtungen ist für Barad ein politisches Anliegen. Für Barad geht es darum, die Mechanismen des *apparatus* zu verstehen, um zu begreifen, wie Menschen in ihm agieren und wie Menschen durch ihre permanente Verschränkung mit der Materie um sie herum einen anderen Umgang mit dem *apparatus* entwickeln können. Ziel ist es, die Perspektive von Individualität und Konkurrenz durch eine Perspektive von Solidarität und Stellvertretung zu ersetzen, in der besonders die verbindenden und nicht die trennenden Elemente in den Fokus geraten (vgl. Barad, 2007, S. 123). Die Trennung von binären Mustern wird zum Vorteil einer agentiellen Betrachtung aufgegeben – eine Betrachtung, die Menschen untereinander über kulturelle, soziale und sprachliche Grenzen hinweg genauso verbindet, wie sie es mit der Natur und auch mit Maschinen (Cyborgs/Robotern) verbindet. Das, was Barad sich hier vorstellt, ist die Schaubühne einer neuen Gesellschaftsordnung (vgl. ebd. 201), die Trennlinien von traditionellen Fachdiskursen genauso verwischt wie die Trennlinien, die Rassismus, Sexismus, Antisemintismus, Klassismus, Ageismus, Homophobie, Transphobie und Psychismus (nach Lauff 2020) hervorgebracht und Umweltzerstörung befeuert hat. Verschränkungen (Entanglements) können uns in der Perspektive einer untrennbaren Verbundenheit mit allem eine neue Verantwortungsperspektive aufzeigen, eine Perspektive, die sich durch eine zukunftsweisende Zusammenführung von Physik und Philosophie erkennen lässt.

Quellen

Barad, Karen: *Fermions in Lattice Gauge Theory*, Ann Arbor, 1984; Document URL: https://www.proquest.com/docview/303371804.

Barad, Karen: *Meeting the Universe Halfway: Quantum Physics and Entanglement of Matter and Meaning*, Duke University Press, 2007.

Einstein, Albert & Podolsky, Boris & Rosen, Nathan: *Can quantum mechanical description of physical reality be considered complete?*, Physical Review 47, S. 777–780, 1935.

Bohr, Niels: *Can quantum mechanical description of physical reality be considered complete?*, Physical Review 48, S. 696–702, 1935.

Juelskjaer, Malou: *Intra-active entanglements: an interview with Karen Barad,* Kvinder, Køn 6 Foskening, Nr. 1–2, 2012.

Lauff, Sonja: *Die gemiedene Kategorie der Psyche in der intersektionalen Diskriminierungskritik*. Psychismus als Diskriminierungsform denken wagen. In: Hahmann, Julia (Hrsg.) Geschlechterforschung in und zwischen den Disziplinen. Barbara Budrich Verlag, Berlin, 2020.

Intra-active entanglements: an interview with Karen Barad. Available from: https://www.researchgate.net/publication/267863856_Intra-active_entanglements_an_interview_with_Karen_Barad [Letzter Zugriff 01.01 2022].

Schlussfolgerungen und Ausblick für die Zukunft

Ausblick: Wie lassen sich Physik und Philosophie verbinden?

Von Barad können wir lernen, wie Physik und Philosophie wieder zusammengebracht werden können. Dabei denken wir hier nicht an die ›Philosophie der Physik‹, wie sie aktiv betrieben und oft in populärwissenschaftlichen Büchern diskutiert wird, sondern tatsächlich an ein ›Lernen‹ der einen Disziplin von der anderen. Hypatia und Hildegard von Bingen, die zu Beginn dieses Buches besprochen wurden, waren Universalgelehrte, d.h. Wissenschaftlerinnen, die besonders von der damals üblichen Verbindung der Disziplinen profitiert haben und auf diese Weise neue Erkenntnisse gewinnen konnten. Schauen wir uns die trans- und interdisziplinäre Perspektive von Barad an, so könnten wir behaupten, dass Philosophie und Physik gar nicht so verschieden sind. Von außen betrachtet erscheinen beide Fächer sehr theoriebelastet und schwer zu durchschauen – von innen betrachtet stellen wir fest, dass sich beide mit ähnlichen Fragestellungen beschäftigen. In beiden Disziplinen geht es darum, sich nicht vorschnell mit einer vereinfachten Antwort zufriedenzugeben, sondern das Phänomen noch genauer begreifen, noch differenzierter beschreiben zu wollen. Barad als Teilchenphysiker*in beschäftigte sich nach ihrer Promotion fast ausschließlich mit der Philosophie, weil sie Fragen hatte, die die Physik nicht beantworten konnte. Lesen wir ihre Texte, stellt sich heraus, dass viele Erklärungen einen Rückgriff auf die Tradition der Physik fast unumgänglich machen. Aus der Perspektive einer Philosophin gelesen, lassen sich viele Gedanken von Barad nachvollziehen, andere wiederum erscheinen beim ersten Lesen vollkommen fremd. Durch die Zusammenarbeit mit einer Physikerin lassen sich diese Leerstellen auffüllen. Auf der anderen Seite benötigt die Physikerin immer wieder das philosophische Wissen, sodass es in Kollaboration zwischen Philosophin und Physikerin möglich ist, Barads Ideengebäude – ähnlich einem Puzzle – zu einem großen Ganzen zusammenzusetzen. Dies funktioniert aber eben nur *gemeinsam*.

An vielen Universitäten und in vielen Fachbereichen fehlt genau diese Perspektive. Nicht nur Interdisziplinarität, sondern (vor allem) auch Transdisziplinarität (wie hier zwischen Physik und Philosophie) ist wichtig. Denn in der Transdisziplinarität liegt die Möglichkeit (die in der Antike und im Mittelalter bereits bekannt war und genutzt wurde), die Vielschichtigkeit der Perspektiven zu erkennen. Es sind doch eben diese verschiedenen Blickwinkel, die den Diskurs bereichern, unser Verständnis von gesellschaftlichen Verhältnissen und damit – schlussendlich – unsere Lebensumstände verbessern können. Perspektiven, die unseren Blick erweitern können und uns eben nicht (nur) zu Expert*innen einer einzigen Fachrichtung mit ihren Beschränkungen machen. Zusammenarbeit mit Expert*innen muss nicht bedeuten, irgendwann alles selbst zu können und zu wissen. Den Austausch zu stärken und sich immer wieder Expertisen einzuholen, kann zu einer Revitalisierung von Forschung und Lehre führen und somit dazu beitragen, dass die eigenen Perspektiven nicht allein am Status quo einer Fachrichtung ausgerichtet werden. Philosophie und Physik wieder ins Gespräch zu bringen, kann adäquate Antworten auf die hochkomplexen Fragen unserer Zeit ermöglichen und neue Fragestellungen erzeugen, die weitere Verbindungen (Entanglements) schaffen können.

Ausblick: Feministische Perspektiven

Betrachten wir die Lebenswege der vorgestellten Wissenschaftlerinnen fallen an vielen Stellen Gemeinsamkeiten hinsichtlich der Schwierigkeiten in Karrierewegen und bzgl. Anerkennung in der eigenen Fachwelt auf.

Um die Astronomin Vera Rubin noch einmal zu zitieren: »Weltweit besitzen Frauen die Hälfte aller Gehirne«. Frauen aus dem wissenschaftlichen Diskurs auszuschließen – wie es in der Vergangenheit passiert ist und immer noch jeden Tag passiert –, ist ein Zustand, den wir weder gesellschaftlich noch wissenschaftlich weiter verantworten können. Man stelle sich vor, dass die in diesem Buch vorgestellten Frauen angemessen gefördert worden wären – welche wissenschaftlichen Erkenntnisse könnten wir bereits heute haben? Und wie weit könnten wir sein, wenn wir neben weißen Frauen aus hochindustrialisierten Ländern mehr Frauen aus dem globalen Süden, Schwarze Frauen, PoC Frauen und darüber hinaus nicht-binäre und trans*Personen integrieren würden?

Welche gesellschaftspolitischen Forderungen wären längst in Politik, aber auch in gesellschaftlichen Institutionen (Universitäten, Schulen etc.) wie selbstverständlich umgesetzt? Wenn Sie sich an der einen oder anderen Stelle in diesem Buch fragen, warum etwas lückenhaft erscheint, wenn Sie sich selbst auf die Suche begeben und diese erfolglos bleibt – fragen Sie sich, was mit den Dokumenten, den Schriften, den Vorträgen, den Aufzeichnungen geschehen ist. Warum ist es nicht ähnlich einfach zu Simone de Beauvoir zu recherchieren wie zu Jean-Paul Sartre? Was beide unterscheidet, ist letztlich vor allem eines – die Werkausgabe. Dies zeigt, dass wir oftmals den wahren Wert der Arbeit der Philosophinnen und Physikerinnen gar nicht erkennen können, zumal Frauen in vielen Fällen ausschließlich als Musen, als Konversationspartnerinnen, als Verwandte (Ehefrauen, Geschwister) beschrieben werden, die Produzenten der sogenannten großen Werke unserer Zeit (Kant, Newton, Leibniz, Herschel uvm.) inspiriert haben. Wie groß war aber tatsächlich ihr Anteil – oder war es gar mehr als nur ein Anteil? Wieviel Material ist ihnen gestohlen worden?

Wie können zukünftige Wissenschaftskulturen dieses Erbe zurückgeben und sicherstellen, dass sich die Geschichte nicht wiederholt?

Sicherlich ist in diesem Zusammenhang das Potenzial von Netzwerken und die Solidarität von/unter Wissenschaftler*innen hervorzuheben. Bei berühmten Wissenschaftlern ist bekannt, dass sie zusammengearbeitet, sich quer durch die Disziplinen ausgetauscht und sich die Köpfe über neue Ideen ›heiß diskutiert‹ haben. Viele dieser Konversationen sind längst in Form von Briefwechseln veröffentlicht. Auch von Frauen verfasste Briefe sind mittlerweile vielfach veröffentlicht, allerdings sind dies fast ausschließlich Briefwechsel mit berühmten Männern. Außerdem geht es in vielen Fällen in dem veröffentlichten Austausch um die persönliche Beziehung und nur nebensächlich um die Wissenschaft.

Während der Entstehung dieses Buches haben wir herauszufinden versucht, ob die bedeutenden Wissenschaftlerinnen der jeweiligen Epochen einander kannten oder voneinander wussten. In fast allen Fällen blieb uns nur die Möglichkeit zu vermuten, wie ein potenzielles Kennenlernen und mögliche Gespräche hätten Gestalt annehmen können. Denn es existieren nur sehr wenige und sehr vage Belege. Ob und inwiefern eine Kooperation und ein Austausch zwischen Philosophinnen und Physikerinnen stattgefunden hat, ist vollkommen unklar. Ohne Austausch – besonders auch über die erlebten Bedingungen im Wissenschaftssystem – wurden und werden

Frauen (sowie trans* und nicht-binäre Personen) zu Einzelkämpfer*innen. Sie wurden und werden systematisch aus wissenschaftlichen Fachkulturen und Diskursen einer über 700 Jahre alten Institution ausgegrenzt. Dass nur so wenige Möglichkeiten zur Vernetzung und zum Austausch bestehen, verhindert auch die Auflehnung gegen die diskriminierenden patriarchalen Strukturen, die nicht nur Wissenschaftler*innen benachteiligen, sondern insbesondere auch die Freiheit und Zukunftsorientierung der Forschung einschränken.

Allerdings müssen wir nicht an diesem Status quo festhalten. Es ist an den Wissenschaftler*innen innerhalb des Systems, sich zusammenzuschließen und in Initiativen wie #ichbinHanna** über ihre Erfahrungen zu sprechen und Sichtbarkeit zu erzeugen.

Auch hier können die vorgestellten Wissenschaftlerinnen als Vorbilder dienen. Ihre Geschichten ernstzunehmen und wertzuschätzen, wie sie trotz Restriktionen unterschiedlichster Art Wissen geschafft haben, wie sie sich mutig für Forschung und die freie Lehre eingesetzt haben, schafft Möglichkeiten der Repräsentation.

Mit diesem Buch wollen wir dafür plädieren, die unterdrückenden Strukturen, die aus Rassismus, Sexismus, Homo- und Transphobie, Ableismus, Ageismus und Psychismus in Bildungsinstitutionen resultieren, aufzuzeigen. Dies kann z.B. durch das Sichtbarmachen von Karriere- und Lebenswegen von unterrepräsentierten Gruppen geschehen. Unterstützungssysteme, mit Hilfe derer intersektionale Problemlagen benannt und kritisch reflektieren werden können, müssen aufgebaut werden. Deutlich zeigt sich, dass diese Probleme nicht einzelne Fächer betreffen, sondern transdisziplinär zu finden sind. Aber dies bietet eben auch eine Chance, um Türen aufzustoßen für Austausch und Vernetzung von Ideen über Fachbereiche hinaus. Würde dieser Austausch zur Regel werden und nicht weiterhin die Ausnahme sein, könnten angehende und aktive Wissenschaftler*innen eine Zukunft der gelebten Transdisziplinarität und Solidarität auf- und ausbauen.

** #ichbinHanna ist ein 2020 entstandener Twitter-Hashtag, mit dem 9.000 Wissenschaftler*innen in Deutschland kritisch auf ein Video des Bundesministeriums für Bildung und Forschung zum Wissenschaftszeitvertragsgesetz reagierten und mit dem sie ihren Unmut über die prekären Verhältnisse innerhalb der Wissenschaften (z.B. aufgrund befristeter Verträge) äußerten.

Anhang

Anmerkungen zu den Physikerinnen

1 In seinem Hauptwerk *Philosophiæ Naturalis Principia Mathematica* formulierte der britische Wissenschaftler Isaac Newton im Jahr 1687 ein universell gültiges Gesetz der Gravitation. Er hatte realisiert, dass die Kraft, die den Apfel zu Boden fallen lässt, dieselbe Kraft ist, die für die Bewegung der Planeten um die Sonne verantwortlich ist. Mithilfe der Newtonschen Bewegungsgleichungen und dem Gesetz der universellen Gravitation ließen sich dann mathematisch die drei Keplerschen Gesetze der Planetenbewegung herleiten. Diese waren von Johannes Kepler zwischen den Jahren 1609 und 1619 publiziert worden und beruhten ausschließlich auf Beobachtungen. Diese drei Gesetze besagen, dass (a) alle Planeten sich auf Ellipsen um die Sonne bewegen, (b) eine Linie, die den Planeten mit der Sonne verbindet in gleichen Zeitintervallen gleiche Flächen überstreicht, und (c) das Quadrat der Umlaufzeit eines Planeten um die Sonne proportional zur dritten Potenz der großen Halbachse der Ellipse ist. All diese Aussagen konnten mithilfe des Newtonschen Modells mathematisch als korrekt bewiesen werden. Außerdem zeigte das mathematische Modell andere Form von Orbits, sogenannte parabolische und hyperbolische Orbits. Diese beschreiben Situationen, in denen ein Objekt (z.B. ein Komet) sich an die Sonne annähert und sich dann wieder entfernt, ohne zurückzukehren. Interessanterweise ergeben sich alle diese möglichen Orbits als sogenannte Kegelschnitte. Dazu stelle man sich einen Kegel vor und eine Ebene, die diesen Kegel unter verschiedenen Winkeln ›schneidet‹.

2 Bei einem Spiegelteleskop handelt es sich um ein Beobachtungsinstrument, das einen Hohlspiegel, d.h. einen konkaven Spiegel enthält. Der Vorteil eines solchen Teleskops, das heute häufig auch *Newton-Teleskop* genannt wird, ist, dass Licht nicht durch eine Linse treten muss. Glas bricht das Licht und es kann dabei zu Farbfehlern kommen. Bei Spiegelteleskopen werden die Strahlen, die vom konkaven Spiegel reflektiert werden, typischerweise von einem Sekundärspiegel in einen im 90-Grad-Winkel befindlichen Beobachtungs-Tubus umgeleitet, in dem sich ein Okular befindet.

Die von Caroline zusammen mit ihrem Bruder Wilhelm gefertigten Teleskope hatten Spiegel mit Durchmesser bis zu 1,22 m. Die größten Spiegelteleskope, die momentan für Beobachtungen im Einsatz sind, haben Spiegel mit bis zu 11,8 m. Zwei der größten Teleskope sind KEKI und KEKII mit jeweiligem Durchmesser von 10 m. Diese Teleskope befinden sich auf Hawaii und wurden z.B. von der Nobelpreisträgerin Andrea Ghez zur Beobachtung von Sternenbewegungen um das supermassive Zentrum unserer Milchstraße benutzt.

3 Zur Zeit von Caroline Herschel waren Teleskope noch nicht weit genug entwickelt, um einzelne Sterne in Galaxien oder Sternhaufen auszumachen. Sternhaufen enthalten eine Anzahl von Sternen, die durch die Gravitationskraft aneinander gebunden sind. Ein mit dem bloßen Auge sichtbarer Sternhaufen sind die Plejaden. Bei den Plejaden handelt es sich um einen sogenannten offenen Sternhaufen. Solche Haufen enthalten oft Sterne, die durch Gravitationskräfte schwach aneinander gebunden sind und oft ähnliche Charakteristiken aufweisen. Letzteres lässt auf die Entstehung solcher Haufen zurückschließen: typischerweise kollabieren riesige Wolken aus Gas und Staub und Sterne entstehen dort, wo die Wolke mehr als 10.000 Moleküle pro Kubikzentimeter enthält. Carolines Rose und Carolines Cluster sind beides offene Sternhaufen.

Galaxien enthalten, wie Sternhaufen, ebenfalls eine große Anzahl von Sternen, die durch die Gravitationskraft aneinander gebunden sind. Allerdings haben Galaxien typischerweise andere Entstehungsgeschichten und enthalten Sterne, die unterschiedlich alt sind. Oft enthalten sie auch sogenannte Dunkle Materie. Diese befindet sich vor allem im Halo der Galaxie, ein annähernd kugelförmiger Bereich, der die Galaxie umgibt. In diesem Halo befinden sich meist auch Kugelsternhaufen. Die Milchstraße besitzt einen Halo von etwa 165.000 Lichtjahren Durchmesser, der sowohl ungefähr 150 Kugelsternhaufen als auch Dunkle Materie mit Masse von etwa 1 Billionen Sonnenmassen enthält. Der Kugelsternhaufen mit der größten absoluten Helligkeit ist Omega Centauri (NGC 5139), der sich mit bloßem Auge als ›Nebel‹ am Himmel erkennen lässt.

4 Unter Symmetrien verstehen Physiker*innen typischerweise Veränderungen des Systems (sogenannte Transformationen), die die Physik des Systems nicht ändern. Man unterscheidet typischerweise *externe* und *interne* Symmetrien. Bei externen Symmetrien handelt es sich um Symmetrien, bei denen eine Transformation der Raum-Zeit (bzw. des Raums in der nichtrelativistischen Physik) vorgenommen wird. Dies sind z.B. Translationen, bei denen man die Koordinaten x, y, z um eine Konstante verschiebt, also x wird zu x + a, y wird zu y + b und z zu z + c, wobei a, b, c beliebige Konstanten sind. Wenn das System sich unter solch einer Transformation nicht ändert, kann man zeigen, dass der Impuls erhalten bleibt, d.h. sich nicht mit der Zeit ändert.

Eine andere mögliche externe Symmetrie ist die Verschiebung der Zeitkoordinate t (Zeit-Translation). Dies bedeutet, dass egal, wo man den Zeitpunkt t=0 wählt, die Physik dieselbe bleibt. Die Erhaltungsgröße (Noether-Ladung) ist in diesem Fall die Energie des Systems. In der Speziellen Relativitätstheorie, in der Zeit und Raum eine Raum-Zeit Einheit bilden, kann man zeigen, dass die Erhaltungsgrößen, die aus Translation, Rotation und sogenannten Lorentz-Boosts (Transformationen, die zwei sich mit einer konstanten Geschwindigkeit zueinander bewegende Systeme in Beziehung setzen) folgen, in einem Tensor zusammengefasst werden können, dem sogenannten Energie-Impuls-Tensor. Dabei handelt es sich, vereinfacht gesagt, um eine Matrix mit vier Spalten und Reihen. In seiner Allgemeinen Relativitätstheorie benutzte Einstein diesen Tensor, um seine berühmte Einstein-Gleichung aufzustellen, die ein Verhältnis zwischen der Krümmung der Raum-Zeit und dem Energie-Impuls-Tensor herstellt.

Interne Symmetrien hingegen sind Veränderungen der Grundbausteine der Physik, sogenannter Felder. Am bekanntesten sind sicherlich elektromagnetische Felder. Die Theorie, die diese Felder beschreibt, die Maxwell-Theorie, besitzt eine interne Symmetrie, die es erlaubt, die Potenziale, die die elektrischen und magnetischen Felder beschreiben, möglichst ›einfach‹ zu wählen. Man kennt dies vielleicht aus dem Physikunterricht in der Schule: bei elektrischen Feldern spielen nur Potenzial-Differenzen eine Rolle, niemals der Absolutwert des Potenzials. Dies ist eine Konsequenz einer internen Symmetrie. Die Erhaltungsgröße, die sich ergibt, ist die elektrische Ladung. Die Ideen der Maxwellschen Theorie wurden in den 1950ern–1960ern verallgemeinert und bilden heute das Grundgerüst des sogenannten Standardmodells der Teilchenphysik, das alle bekannten fundamentalen Wechselwirkungen außer der Gravitation (Elektromagnetismus, starke und schwache Kernkraft) mit Hilfe von Eichtheorien beschreibt. Diese Eichtheorien enthalten die oben genannten internen Symmetrien (vgl. auch Abbildung 4).

5 Im Standardmodell der Teilchenphysik (vgl. auch Abbildung 4) zeigt sich eine Symmetrie zwischen der Gruppe der sechs Quarks und der Gruppe der sechs Leptonen. Zu den bekanntesten Leptonen gehört das Elektron, das zusammen mit dem zugehörigen Neutrino, dem Elektron-Neutrino, die erste Familie der Leptonen ausmacht. Es gibt zwei ›Kopien‹ dieser Familie, die aus einem negativ geladenen Elementarteilchen (muon bzw. tau) und dem zugehörigen Neutrino bestehen. Neutrinos sind ungeladen und haben sehr geringe Massen – im Gegensatz zu den elektrisch negativ-geladenen Partnern. Quarks sind wie die Leptonen sogenannte Fermionen, d.h. sie haben halbzahligen Spin und gruppieren sich wie die Leptonen in drei Familien. Anders als die Teilchen in den Leptonen-Familien haben Quarks allerdings keine ganzzahligen Ladungen, sondern tragen entweder positiv zwei Drittel (up, charm, top) oder negativ ein Drittel (down, strange, bottom) der Elementarladung. Quarks existieren unter normalen Bedingungen (niedrigen Energien) nicht als einzelne Teilchen (wie etwa Elektronen), sondern befinden sich in einem Verbund aus drei Quarks (Hadronen, Beispiele: Protonen und Neutronen) bzw. einem Quark und Anti-Quark (Mesonen). Die Tatsache, dass sich diese Kombination ergibt, liegt an der Tatsache, dass Quarks eine zusätzliche Eigenschaft besitzen, die wir ›Farbladung‹ nennen und die die Werte ›blau‹, ›grün‹ und ›rot‹ haben kann. Man darf sich diese Ladung nicht als tatsächliche Farbe vorstellen, sondern als eine zusätzliche Eigenschaft dieser Elementarteilchen. Die Theorie besagt, dass nur ›farbneutrale‹ Verbünde von Quarks existieren können, z.B. ein Verbund aus ›rot‹, ›blau‹, ›grün‹ (Hadronen) oder aus ›rot‹ und ›anti-rot‹.

6 Die Standardeinheit des radioaktiven Zerfalls ist seit 1975 das Becquerel (Bq), eine nach dem französischen Physiker Henri Becquerel benannte Einheit. 1 Bq ist dabei definiert als ein Zerfall pro Sekunde. Die nach Marie und Pierre Curie benannte Einheit Curie hingegen ist definiert als 37 Milliarden Zerfälle pro Sekunde und stammt aus den Untersuchungen der

Zerfälle von Radium ^{226}Ra. Die Curies stellten bei ihren Untersuchungen fest, dass Radium 37 Milliarden Zerfälle pro Sekunde und Gramm zeigt.

7 Das Bohrsche Atommodell wurde zu Beginn des 20. Jahrhunderts von dem dänischen Physiker Niels Bohr entwickelt. Es nimmt an, dass die Elektronen in einem Atom den deutlich kleineren Atomkern auf konzentrischen Bahnen umlaufen, ähnlich wie sich Planeten um die Sonne bewegen. Tatsächlich ist ein solche Parallele nicht aus der Luft gegriffen, da die Kraft zwischen positiven und negativen Ladungen (hier: positiv geladener Atomkern, negativ geladenes Elektron) mathematisch betrachtet dieselbe Form wie das Gravitationsgesetz von Newton besitzt.

Die diskrete Form der Bahnen, d.h. dass die Elektronen sich nur auf Kreisen mit speziellen Radien bewegen können, folgt allerdings aus der Quantenmechanik, indem man die Lösungen der Schrödinger Gleichung im elektrostatischen Potenzial des Atomkerns berechnet. Diese Lösungen geben dann Auskunft über die Aufenthaltswahrscheinlichkeiten der Elektronen und besagen, dass sich diese nur auf bestimmten Schalen aufhalten können.

8 Die *Bethe-Weizäcker Formel* ist eine empirische Formel, die die Bindungsenergie innerhalb von Atomkernen beschreibt. Kerne sind dann besonders stabil, wenn die Bindungsenergie groß ist. Diese Formel enthält fünf Terme, die die unterschiedlichen Beiträge enthalten.

Der Volumenanteil hat seinen Ursprung in der gegenseitigen Anziehung der Kerne aufgrund der starken Kernkraft und trägt positiv zur Bindungsenergie bei. Der Oberflächenanteil, der negativ beiträgt, berücksichtigt, dass die Kerne an der Oberfläche des als kugelförmiges Gebilde gedachten Atomkerns weniger direkte Nachbarn hat als Kerne, die sich im Inneren der Kugel befinden. Außerdem gibt es einen Anteil von der Coulombabstoßung zwischen positiv geladenen Protonen (dieser trägt negativ bei) sowie zwei weitere Terme, die quantenmechanischen Ursprungs sind. Der sogenannte Symmetrie-Anteil stammt aus der Tatsache, dass eine möglichst gleiche Anzahl von Neutronen und Protonen energetisch bevorzugt wird, während der sogenannte Paarungs-Anteil auf die bevorzugte Bildung von Neutronen-Neutronen- und Protonen-Protonen-Paaren zurückzuführen ist. Der Symmetrie-Teil trägt negativ bei, während der Paarungs-Anteil sowohl negativ als auch positiv beitragen kann. Die Formel funktioniert sehr gut für Atomkerne mit vielen Nukleonen, erklärt aber einige Eigenschaften der Atomkerne nur ungenügend.

9 Bei der Röntgen-Kristallspektroskopie handelt es sich um ein Verfahren, bei dem Kristalle mit Röntgenstrahlen beschienen werden. Kristalle sind gitterartige Strukturen, die aus Atomen aufgebaut sind. Da diese Gitter sehr regulär sind, lassen sich an ihnen mithilfe von elektromagnetischer Strahlung geeigneter Wellenlänge sogenannte Beugungsbilder (im Englischen: diffraction pattern) erzeugen, die charakteristisch für das Gitter sind. Dabei werden die elektromagnetischen Wellen vor allem von den Elektronen in den Atomen gestreut. Durch die Wellen werden die Elektronen angeregt, kugelförmige elektromagnetische Wellen auszusenden. In Kristallen befinden sich eine große Anzahl von Elektronen, die diese sekundären Wellen aussenden, es kommt also zu Interferenz. Oft kommt es dabei zu destruktiver Interferenz (die Wellen löschen sich gegenseitig aus), allerdings gibt es auch einige Richtungen, in den die Wellen sich gegenseitig verstärken (konstruktive Interferenz). Für diese Richtungen gibt es eine Formel, die sogenannte Bragg-Formel. Diese besagt, dass der Sinus des Einfallswinkels der elektromagnetischen Strahlung proportional ist zum Verhältnis zwischen der Wellenlänge der Strahlung und dem Abstand zweier Gitterebenen im Kristall. Da der Sinus nur Werte zwischen negativ eins und positiv eins annehmen kann, muss die Wellenlänge der Strahlung in etwa den Gitterabständen entsprechen. Deshalb benutzt man für atomare Strukturen typischerweise Röntgenstrahlen.

10 Das Newtonsche Gravitationsgesetz besagt, dass zwischen zwei Massen eine anziehende Kraft wirkt, die proportional zum Verhältnis zwischen Produkt aus den Massen und dem Abstand zum Quadrat der Massen ist. Die Proportionalitätskonstante ist die Newtonsche Gravitationskonstante, die heute als eine Konstante der Natur angesehen wird. Betrachtet man die Bewegung von Sternen um das Zentrum von Spiralgalaxien, so ließe die sichtbare Verteilung der Materie vermuten, dass sich der größte Anteil der Masse einer solchen Galaxie in seinem Zentrum findet. Deshalb lässt sich mit guter Näherung annehmen, dass die Sterne sich im Gravitationsfeld dieser großen Masse bewegen. Eine ähnliche Annahme macht man z.B. im Sonnensystem, in dem der Großteil der Gesamtmasse des Systems in der Sonne zu finden ist. Berechnet man dann die Geschwindigkeit eines Sterns in diesem Gravitationsfeld, müsste diese mit zunehmendem Abstand von der zentralen Masse abfallen – wir beobachten genau dies im Sonnensystem: Je weiter ein Planet von der Sonne entfernt ist, umso langsamer bewegt er sich auf seiner Bahn um die Sonne. Vera Rubins Beobachtungen zeigten allerdings, dass dies in Spiralgalaxien nicht der Fall ist. D.h., die sichtbare Masse kann nicht die einzige gravitativ wirkende Masse in Galaxien sein. Die Tatsache, dass die Rotationsgeschwindigkeit über große Distanzen von der zentralen Masse konstant bleibt, legt nahe, dass die Galaxie eine nahezu homogen verteilte Masse besitzt.

11 Neutronensterne entstehen, wenn ›normale‹ Sterne ihr Gasvorkommen aufgebraucht haben. Sterne (wie die Sonne) verwandeln typischerweise in einem Prozess, den wir Kernfusion nennen, leichte Atomkerne in schwerere Atomkerne. In einem Stern wie der Sonne wird Wasserstoff zu Helium fusioniert (Protonen-Protonen-Kette). Dabei wird Energie in Form von Strahlung frei. Diese Strahlung erzeugt einen Druck (Strahlungsdruck), der der Gravitationskraft (die anziehend wirkt) die Waage hält, sodass Sterne nicht kollabieren. In Sternen, die massiver sind als die Sonne, finden weitere Kernfusionsprozesse statt, bei denen Stickstoff (N), Sauerstoff (O) und Kohlenstoff (C) in einem Zyklus elektromagnetische Strahlung produzieren (CNO Zyklus). Wenn dann nur noch wenig Gas im Kern von Sternen vorhanden ist, vergrößern sich die Sterne zu sogenannten Roten Giganten. Abhängig von der Masse des ursprünglichen Sterns entstehen dann sogenannte Weiße Zwerge (unsere Sonne wird zu einem solchen werden) oder – wenn die ursprünglichen Sterne sehr massiv waren – nach einer gigantischen Explosion (Supernova) entweder zu einem Neutronenstern oder einem Schwarzen Loch. Bei Weißen Zwergen und Neutronensternen gibt es Kräfte, die der Gravitationskraft entgegenwirken können, um einen vollständigen Kollaps zu einem Schwarzen Loch zu verhindern. Diese Kräfte sind quantenmechanischer Natur und hängen mit dem sogenannten Pauli-Prinzip zusammen, das besagt, dass zwei Fermionen (Teilchen mit halbzahligem Spin) niemals gleich in allen ihren Quantenzahlen sein können. Das führt dazu, dass sich nicht alle Fermionen eines Systems im gleichen Energiezustand befinden können, sondern sich wie auf einer Leiter in den Energiezuständen organisieren müssen. Dies führt zu einem Druck, der der Gravitationskraft entgegenwirken kann.

Sowohl Elektronen als auch Neutronen sind Fermionen. Bei Weißen Zwergen sind die Elektronen der Atome fähig, diesen Druck aufzubauen, bei Neutronensternen sind es die Neutronen. Da Elektronen Elementarteilchen sind (also nicht aus anderen Teilchen zusammengesetzt sind), kann man genaue Berechnungen anstellen. Diese wurden zu Beginn des 20. Jahrhundert vom indischen Wissenschaftler Subrahmanyan Chandrasekhar gemacht, der herausfand, dass eine obere Grenze für die Masse solcher Weißen Zwerge existiert, die ziemlich genau 1,4-mal der Sonnenmasse entspricht. Nur bis zu dieser Grenze ist der Druck, den die Elektronen aufbauen, ausreichend, um der Gravitationskraft entgegenzuwirken. Für massivere Sterne (gemeint ist hier die Masse der Sterne nach der Supernova-Explosion, bei der viel Masse des ursprünglichen Sterns verloren geht) werden die Elektronen durch die Gravitationskraft in die Atomkerne gepresst, sodass Neutronen entstehen. Da Neutronen keine Elementarteilchen sind, ist eine Berechnung von Massengrenzen bis heute nicht genau möglich. Man nimmt an, dass Neutronensterne bis zu drei bis vier Sonnenmassen schwer sein können.

12 Die Welle-Teilchen-Dualität, die von der Quantenmechanik vorausgesagt wird (siehe auch Kapitel zu Karen Barad), lässt sich auch auf elektromagnetische Strahlung anwenden. Elektromagnetische Wellen werden klassisch durch die sogenannten Maxwell-Gleichungen beschrieben. Die im 19. Jahrhundert von James Maxwell entwickelte Theorie beschreibt elektrische und magnetische Felder sowie deren Wechselwirkungen. Elektromagnetische Wellen, die sich mit Lichtgeschwindigkeit bewegen, sind für einen Grenzfall Lösungen dieser Gleichungen. Einstein zeigte im Jahre 1905 in seiner Arbeit zur Speziellen Relativitätstheorie, dass die Maxwell-Gleichungen unter sogenannten Lorentz-Transformationen invariant sind, wenn man zusätzlich die Endlichkeit der Lichtgeschwindigkeit berücksichtigt.

Lorentz-Transformationen sind Transformationen der Raum-Zeit Koordinaten, die voraussagen, dass Raum und Zeit nicht als getrennte und vollkommen unterschiedliche Größen zu betrachten sind, sondern vielmehr zusammen die 4-dimensionale Raum-Zeit bilden. Für elektromagnetische Felder bedeutet dies, dass magnetische und elektrische Felder keine separaten Phänomene sind, sondern nur in Form von elektromagnetischen Feldern zu verstehen sind. Interessanterweise veröffentlichte Einstein im selben Jahr (seinem sogenannten *Annus mirabilis*) eine Arbeit zum *Photoelektrischen Effekt*, in der er voraussagte, dass elektromagnetische Strahlung immer in Form von Quanten, d.h. Photonen auftritt. Die experimentelle Beobachtung, die ihn zu dieser Interpretation führte, war, dass wenn man ein Material mit elektromagnetischer Strahlung bescheint, Elektronen nur dann aus dem Material freigesetzt werden, wenn die Strahlung die ›richtige‹ Frequenz besitzt. Benutzt man hier die Idee, dass elektromagnetische Wellen kontinuierlich Energie an das Material abgeben können, würde der oben beschriebene Effekt nur von der Intensität der Strahlung abhängen. Experimentell wurde aber gezeigt, dass die Intensität der Strahlung keine Rolle spielt. Der Photoelektrische Effekt ist also ein deutlicher Fall, in dem sich elektrische Strahlung wie ein Teilchen verhält und nicht wie eine Welle. Einstein erhielt für seine Interpretation später den Physik-Nobelpreis.

13 Schwarze Löcher können in verschiedenen Massebereichen vorkommen. Lange Zeit glaubte man, dass Schwarze Löcher vor allem als Endprodukte von stellarem Kollaps im Universum zu finden wären. Solche Schwarzen Löcher habe einige Sonnenmassen. Bei dem ersten direkt gemessenen Gravitationswellen-Signal, das im Jahre 2015 von der Kollaboration LIGO/VIRGO nachgewiesen wurde (Nobelpreis in Physik 2017), handelt es sich um die Gravitationswellen, die bei der Kollision von zwei Schwarzen Löchern ausgesandt wurden. Interessanterweise wurden die Massen der an der Kollision beteiligten Schwarzen Löcher auf etwa 30 bzw. etwa 35 Sonnenmassen berechnet, wobei das finale Schwarze Loch etwa 62 Sonnenmassen besitzt, d.h. bei der Kollision wurden etwa drei Sonnenmassen in Form von Gravitationswellen abgestrahlt. Diese Massen sind für stellare Schwarze Löcher sehr groß und Wissenschaftler*innen diskutieren nach wie vor die genaue Entstehungsgeschichte. Neben stellaren Schwarzen Löchern gibt es supermassive Schwarze Löcher, die man in nahezu allen Galaxiezentren vermutet. Das Schwarze Loch im Zentrum unserer Milchstraße hat vermutlich etwa vier Millionen Sonnenmassen. Es gibt aber Galaxien mit Schwarzen Löchern, die noch massiver sind. Im Jahre 2019 veröffentlichte die *Event Horizon Telescope* (EHT) Kollaboration das erste ›Foto‹ eines Schwarzen Loches. Dabei handelt es sich um das Foto des Photonenrings, d.h. der Umlaufbahnen von Photonen um das Zentrum der Galaxie Messier M87. Diese Galaxie ist eine elliptische Supergalaxie, enthält vermutlich Billionen von Sternen und befindet sich in einer Distanz von 53 Millionen Lichtjahren zur Erde. Die Beobachtungen des Photonenrings lassen drauf schließen, dass das zentrale Schwarze Loch etwa 6,5 Milliarden Sonnenmassen enthält. Bis heute ist nicht klar, wie diese supermassiven Schwarzen Löcher entstehen.

Neben supermassiven und stellaren Schwarzen Löchern, deren Existenz in den letzten Jahren bestätigt werden konnte, gibt es Mini- oder sogar Mikro-Schwarze Löcher. Diese sind spekulativ, werden aber von einigen Theorien über die sehr frühe Phase des Universums vorhergesagt. Diese Objekte wären sehr klein, sind aber interessant, weil sich an ihnen ein Effekt testen ließe, der sich ergibt, wenn man Quantenphysik und Gravitation versucht miteinander zu vereinigen: die Hawking-Strahlung. Hawking sagte voraus, dass Schwarze Löcher eine thermische Strahlung aussenden müssten und dass (zumindest für die ›einfachsten‹ Schwarzen Löcher) die Temperatur der Strahlung umgekehrt proportional zur Masse ist. Für stellare und supermassive Schwarze Löcher ist diese Temperatur so niedrig, dass sie nicht gemessen werden kann. Allerdings wäre sie für Mini- und Mikro-Schwarze Löcher beobachtbar.

14 Bei der String-Theorie handelt es sich um den Versuch, die drei Wechselwirkungen, die momentan erfolgreich durch Quantenfeldtheorien beschrieben werden (Elektromagnetismus, schwache und starke Wechselwirkung) mit der Theorie der Gravitation zu vereinheitlichen. Bis auf die Gravitation versteht man alle Wechselwirkungen auch auf den kleinsten Skalen, also dort, wo Quanteneffekte wichtig werden. Die Gravitation ist sehr gut durch die Allgemeine Relativitätstheorie von Einstein beschrieben und funktioniert auf großen Skalen (Universum, Sonnensystem ...) problemlos. Auf sehr kleinen Skalen haben wir bisher allerdings kein konsistentes Modell. Die String-Theorie nimmt an, dass sich die Wechselwirkungen (und die Elementarteilchen) durch die Vibrationen von eindimensionalen Objekten, sogenannten Strings, beschreiben lassen. Man stelle sich eine Gitarrensaite vor. Diese erlaubt (abhängig von ihrer Länge) verschiedene Oszillationsmodi, in der Musik spricht man von Tönen und Obertönen. Ähnlich kann man sich die Modi der Strings vorstellen. Dabei gibt es sogenannte offene Strings, ähnlich einer Gitarrensaite, aber auch geschlossene Strings, bei denen die beiden Enden des Strings zusammengeführt werden. Die Modi der offenen Strings entsprechen dann den Elementarteilchen und den drei Wechselwirkungen, für die man bereits Quantenfeldtheorien besitzt. Die Gravitation wird durch die Modi der geschlossenen Strings beschrieben. Ohne eine zusätzliche Symmetrie, die sogenannte

Supersymmetrie, ist die String-Theorie nur konsistent in 26 Raum-Zeit-Dimensionen. Die Supersymmetrie ist eine hypothetische Symmetrie, die besagt, dass jedes Elementarteilchen einen Partner besitzt. Dabei sollten Teilchen mit halbzahligem Spin (sogenannte Fermionen) einen Partner mit ganzzahligem Spin und Teilchen mit ganzzahligem Spin (sogenannte Bosonen) einen Partner mit halbzahligem Spin haben. Erlaubt man diese Symmetrie in der String-Theorie ist die sogenannte Superstringtheorie in zehn Raum-Zeit-Dimensionen konsistent.

Bei der Supergravitation handelt es sich um die aus der Superstringtheorie resultierende Gravitationstheorie. Heute bestehen allerdings Zweifel, ob die Supersymmetrie tatsächlich in der Natur realisiert ist – bislang wurden keine der vorhergesagten Partner in Experimenten nachgewiesen.

Weiterführende Materialien

Videos und Filme

■ Hypatia

YouTube:

— *Hypatia – eine außergewöhnliche Philosophin*

Zu Hypatia ist nicht viel zu finden. Viel Aufsehen hat allerdings der Film *Agora* (2009) ausgelöst, indem jedoch viele Unstimmigkeiten zu finden sind.

■ Hildegard von Bingen

YouTube:

— *Auf den Spuren von Hildegard von Bingen*

— *Hildegard von Bingen – Dokumentation*

Die Dokumentation, die auf YouTube zu finden ist, zeichnet nicht nur das Leben von Hildegard von Bingen und ihr vielfältiges Engagement nach, sondern behandelt darüber hinaus auch ihre faszinierenden und vielseitigen wissenschaftlichen Erkenntnisse in den Bereichen Heilmedizin, Kosmologie, Religion und Philosophie.

■ Caroline Herschel

YouTube:

— *Caroline Herschel: Discoverer of Comets*

— *The Georgian Star: how the William and Caroline Herschel invented modern astronomy*

■ Emilie du Châtelet

YouTube:

— *Forgotten Thinkers – Emilie du Chatelet*

— *Émilie du Châtelet part 1. History of Women Philosophers*

Die Forschungsgruppe *History of Women Philosophers* ist eine sehr spannende Ressource. Auf der Projektwebsite https://historyofwomenphilosophers.org finden sich neben sehr spannenden aktuellen Forschungsergebnissen auch Veranstaltungshinweise sowie Videos und ein Podcast. Châtelet gehört zu den zentralen Forschungsprojekten der Gruppe.

■ Emmy Noether

YouTube:

— *Who was Emmy Noether? (Perimeter Institute)*

— *Celebrating Emmy Noether (Institute of Advanced Studies)*

In vielen bedeutenden naturwissenschaftlichen Instituten der Welt wurden über die letzten Jahre Vorträge zu Emmy Noethers Leben gehalten und aufgezeichnet.

■ Marie Curie

YouTube:

— *Marie Curie – Jenseits des Mythos (ARTE Dokumentation)*

— *Unser Freund, das Atom (ARTE Dokumentation)*

— *Marie Curie – Entdeckung von Strahlung (Hörbuch)*

Außerdem gibt es einige Kinofilme über Marie Curies Leben, z.B. *Marie Curie* (Originaltitel: *Radioactive*) aus dem Jahre 2019 sowie *Marie Curie* (Originaltitel: *Marie Curie – The Courage of Knowledge*) aus dem Jahre 2016.

■ Rosa Luxemburg

YouTube:

— *Wer war Rosa Luxemburg?*

1986 gab es bereits einen Kinofilm über Rosa Luxemburg. Dieser wurde 2019 neu verfilmt.

■ Hannah Arendt

YouTube:

— *Hannah Arendt im Gespräch mit Günter Gaus (»Zur Person«, 1964)*
Wahrscheinlich gilt dieses Interview als eines der berühmtesten, genau hier erklärt sie ziemlich eindrucksvoll ihre Position als Frau in der Philosophie und auch als Philosophin. Das Interview ermöglicht einen ganz besonderen Zugang zu Hannah Arendt als Theoretikerin, aber auch als Philosophin.

— *Hannah Arendt – Die Pflicht zum Ungehorsam (2015)*

— *Hannah Arendt – endlich verstehen | Folge 1 mit Monika Boll | Podcast*
Spannender Podcast für einen kurzen und knappen Einblick zu Hannah Arendt.

■ Lise Meitner

YouTube:

— *Lise Meitner Symposium - Panel 1: the life and work of Lise Meitner*

— *Lise Meitner Symposium - Panel 2: The Scientific and Political Legacy of Lise Meitner*

Interessantes Symposium der Universität Cambridge (England) aus dem Jahre 2019.

■ Rosalind Franklin

YouTube:

— *Rosalind Franklin - BBC Documentary*

— *DNA – Secret of Photo 51*

Es gibt außerdem einige gute Animationen der Doppelhelixstruktur der DNA auf YouTube.

■ Simone de Beauvoir

YouTube:

— *Simone de Beauvoir Interview Why I'm a feminist 1975*

— *What would Simone de Beauvoir make of #MeToo?*

— *Simone de Beauvoir Her Life and Philosophy*

Von Beauvoir sind einige Interviews erhalten, die meisten auf Französisch mit englischen Untertiteln. Durch Interviews mitzuerleben, wie Beauvoir ihre eigenen Theorien entwickelt, ist nicht nur sehr spannend, es macht ihre Theorie auch sehr lebendig.

■ Angela Davis

YouTube:

— *Angela Davis – der Kampf geht weiter! Film von ARTE*

Die Arte Dokumentation verbindet absolut gekonnt, die verschiedenen Ebenen der Theoretikerin Angela Davis: Ihren Aktivismus, ihre theoretischen Konzeptionen, biografische Erzählungen und einen Einblick in die Arbeitswelt der Professorin.

— *Vortrag Angela Davis – Universität Wien*

— *Angela Davis. Revolution Today*

Die beiden genannten Vorträge sind sehr spannend und bestechen durch ihre Aktualität – was erstaunt, wenn wir uns vor Augen führen, über welch langen Zeitraum Davis ihre Thesen schon vertritt. Es großartig, dass wir als Leser*innen die Möglichkeit haben, dieser genialen Denkerin bei der Entwicklung ihrer Perspektiven beizuwohnen.

■ Vera Rubin

YouTube:

— *The Astronomer Vera Rubin*

— *Vera Rubin's Brilliant Legacy: Bright galaxies, Dark matter and beyond*

In den letzten Jahren wurden mehrere Bücher über Vera Rubin veröffentlicht. Auf YouTube finden sich Interviews mit den Autor*innen dieser Bücher.

■ Jocelyn Bell Burnell

YouTube:

— *Jocelyn Bell Burnell Special Public Lecture: The discovery of pulsars*

— *Jocelyn Bell Burnell: Bursts, bangs and things that go bump in the night; transient astronomy*

Jocelyn Bell Burnell ist nach wie vor aktiv und hält des Öfteren Vorträge, die aufgezeichnet werden. Der erste hier aufgelistete Vortrag ist ein allgemeiner Vortrag, in dem sie über die Entdeckung von Pulsaren spricht, der zweite ist ein wissenschaftlicher Vortrag aus dem Jahr 2019, in dem sie über ihre aktuelle Forschung spricht.

■ Audre Lorde

YouTube:

— *Audre Lorde – The Berlin Years*

The Berlin Years, der auf vielen deutschen Filmfestivals zu sehen war, fokussiert das Leben und den sozio-politischen Einfluss von Lorde in ihrer Berliner Zeit von 1984 bis 1992. In dem Film werden bis dato wenig bekannte Aspekte von Lordes Aktivismus ins Zentrum gesetzt, ihre Unterstützung von Afro-deutschen Frauen und ihre Kritik an der gesellschaftlichen Bedeutung von white privilege im Berlin der 90er-Jahre.

— *Audre Lorde Interview (1982)*

— *Audre Lorde interviewed by Judy Simmons*

Lorde in Interviews zuzuhören, ist eine fantastische Möglichkeit, die Gedanken dieser faszinierenden Philosophin genauer nachvollziehen zu können und einen Einblick in die Komplexität und die Aktualität der Konzeptionen zu bekommen.

■ Donna Strickland

YouTube:

— *Donna Strickland: Nobel lecture in physics 2018*

— *Interview with Donna Strickland, Nobel Laureate in Physics 2018*

— *Physicist explains lasers in five levels of difficulty*

Die beiden ersten Videos beziehen sich auf den Nobelpreis für Physik, den Donna Strickland 2018 erhielt. Im dritten Video erklärt Donna Strickland ihre Forschung auf fünf verschiedenen Niveaus – sehr sehenswert.

■ Andrea Ghez

YouTube:

— *Nobel Lecture: Andrea Ghez, Nobel prize in Physics 2020*

— *Dr. Andrea M. Ghez – From the possibility to the certainty of a supermassive black hole, IPAM UCLA*

— *Andrea Ghez on the 2020 Nobel Prize, Black Holes, & More – Video Episode of The Origins Podcast*

Beim ersten Link handelt es sich um die Nobelpreisrede, beim zweiten um einen Vortrag an der Universität von LA aus dem Oktober 2021. Der dritte Link führt zu einem Interview mit Andrea Ghez.

■ bell hooks

YouTube:

— *Speaking Freely: bell hooks*

— *bell hooks + Jill Soloway – Ending Domination: The Personal is Political I The New School*

— *bell hooks: Moving from Pain to Power I The New School*

bell hooks hatte ihre eigene Schule, aus deren Kontext stammen einige der hier gelisteten Workshops und Plenarvorträge. Besonders die Gäste, die eingeladen wurden, in diesem Kontext mit ihr zu diskutieren, machen den besonderen Reiz der Vorträge aus.

■ Judith Butler

YouTube:

—Judith Butler, »Why Preserve the Life of the Other?«

Butlers Aktualität ist immer wieder faszinierend. In diesem Vortrag 2016 in Yale fokussiert Butler die Zusammenhänge zwischen Vulnerabilität, Betrauerbarkeit und Solidarität. Butlers Vorträge sind (solange englische Sprachkenntnisse vorhanden sind) wesentlich besser zu verstehen als ihr schriftliches Werk. Die vielen Beispiele und konkreten Anwendungsmomente, ermöglichen es den Hörer*innen, ein besseres Verständnis der Konzeptionen zu erlangen.

—Judith Butler: The Force of Nonviolence

Ein Talk zu Butlers 2020 veröffentlichten Buch *The Force of Non Violence.* Auch hier wieder eine sehr spannende Unterfütterung der Aspekte, die im Buch zu finden sind, ich empfehle, zuerst das Gespräch anzuhören und anschließend das Buch zu lesen.

—Judith Butler, Arte Dokumentation

Die Arte Dokumentation über Judith Butler ist absolut empfehlenswert. Viele spannende Perspektiven und eine gelungene Mischung zwischen biografischen Erzählungen, theoretischen Konzeptionen und Butlers unvergleichlichem Humor.

— On Inequality Angela Davis and Judith Butler in Conversation

Das bereits im Buch erwähnte Gespräch zwischen Judith Butler und Angela Davis zeigt nicht nur die Brillanz beider Wissenschaftler*innen. Vielmehr zeigt sich besonders ihre Verpflichtung, die theoretischen Forderungen praktisch umzusetzen.

■ Donna Haraway

YouTube:

— Talk – Donna Haraway & Karin Harrasser

—Donna Haraway: Living & Dying in Pandemia | Feb 4 2021

Besonders dieser Vortrag ist ein Beispiel dafür, wie aktuell Philosophie sein kann und wie Philosophie unsere aktuellen Probleme ansprechen kann und neue Perspektiven für die Zukunft eröffnet.

—Donna Haraway's »A Cyborg Manifesto«

Dieses Video ist eine kurze aber ziemlich kohärente Zusammenfassung von Haraways berühmtesten Werk. Es ist sehr zu empfehlen, zuerst dieses Video zu schauen, bevor man das Buch liest.

■ Mary K. Gaillard

YouTube:

— *A woman's journey in physics: Mary K. Gaillard*

— *CERN Document Server: Interview und Buchvorstellung: https://cds.cern.ch/record/2154397?ln=en*

Der erste Link führt zu einem kurzen Video, während der zweite Link zu einer Veranstaltung am CERN führt.

■ Karen Barad

YouTube:

— *On Touching: The Alterity Within, Karen Barad*

— *An Experimental Lecture with Karen Barad*

— *Feminist Theory Workshop Keynote – Karen Barad*

— *Karen Barad: Undoing the Future*

Insgesamt wirken die Vorträge von Barad mehr wie Kunstwerke – sie sind, denke ich, nicht dazu gedacht, sofort alles zu verstehen und jedem Gedanken unmittelbar folgen zu können. Nichtsdestotrotz ist es sehr spannend und bereichernd, verschiedene Versatzstücke aufzugreifen und sich mit diesen Gedanken zu beschäftigen. Besonders wenn man als Philosoph*in eine*n Physiker*in zur Seite hat, kann Barad sehr bereichernd sein.

Insbesondere die Vorträge von Judith Butler, Angela Davis, Karen Barad und Donna Haraway möchten wir allen Leser*innen ans Herz legen. Nutzen Sie die Möglichkeit, einen Vortrag oder eine Veranstaltung von der einen oder anderen Philosoph*in zu besuchen, denn es ist nichts spannender als vor Ort quasi Zeug*in der Entwicklung neuer theoretischer Konzepte zu sein.

Bücher

Hypatia

Kingsley, C. (2008) Ein Frauenschicksal der Antike im Spannungsfeld von Platonismus und Christentum. Clavis Verlag, Frankfurt a.M.

Watts, E. (2019) Hypatia: The Life and Legend of an Ancient Philosopher. Oxford University Press, London.

Hildegard von Bingen

McInerney, N. (2013) Hildegard of Bingen: A Book of Essays. Routledge, New York.

von Bingen, H. (2012) Das Buch vom Wirken Gottes. Beuroner Kunstverlag, Beuron.

von Bingen, H. (2021) Scivias – Wisse die Wege: Die Visionen der Hildegard von Bingen. Beuroner Kunstverlag, Beuron.

Caroline Herschel

Youmans, E. A. (2017) Caroline Lucretia Herschel: Story of a Woman Astronomer. CreateSpace, Scotts Valley.

Herschel, C. (2013) Memoiren und Briefwechsel. Reprint Verlag, Hildesheim.

Herschel, C. (2010) Catalogue of Stars. Royal Soviety Press, London.

Emilie du Châtelet

du Chatelet, E. (2017) The Art of Happiness. The Reflections of Madame Du Châtelet. Independently Published.

du Chatelet, E. (2009) Selected Philosophical and Scientific Writings. University Press, Chicago.

Zinsser, J. (2007) Emilie Du Chatelet: Daring Genius of the Enlightenment. Penguin Random House, London.

Emmy Noether

Kosmann-Schwarzbach, Y. (2011) The Noether Theorems: Invariance and Conservation Laws in the Twentieth Century. Springer Verlag, Berlin.

Noether, J., and Jacobson, N. (1983) Gesammelte Abhandlungen: Collected Papers / Emmy Noether. Springer Verlag, Berlin.

Brewer, J. W. and Smith, M. K. (1981) Emmy Noether: A Tribute to Her Life and Work. New York, Marcel Dekker Inc., New York.

Rosa Luxemburg

Evans, K. (2015) Red Rosa: A Graphic Biography of Rosa Luxemburg. Dietz Verlag, Berlin.

Kautsky, L. (2019) Rosa Luxemburg: Ein Gedenkbuch. heptagon Verlag, Berlin.

Piper, E. (2018) Rosa Luxemburg. Ein Leben. Penguin Random House, Berlin.

Hannah Arendt

Arendt, H. (2002) Vita activa. Vom tätigen Leben. Piper Verlag, München.

Arendt, H. (2018) Die Freiheit, frei zu sein. dtv, Hannover.

Baratella, N. (2017) Hannah Arendt: Philosophie für Einsteiger. Fink Verlag, Paderborn.

Young-Bruehl, E. (2004) Hannah Arendt: Leben, Werk und Zeit. Fischer Verlag, Frankfurt.

Lise Meitner

Sime, R.L. (1997) Lise Meitner: A Life in Physics. University of California Press, San Francisco.

Rife, P. (1999) Lise Meitner and the Dawn of the Nuclear Age. Birkhäuser Verlag, Basel.

Rosalind Franklin

Smith-Llera, D. (2018) Double Helix: How an Image Sparked the Discovery of the Secret of Life. Compass Books, Minneapolis.

Glynn, J. (2012) My Sister Rosalind Franklin. Oxford University Press, London.

Sayre, A. (1975) Rosalind Franklin and DNA. Paw Prints, New Hampshire.

Simone de Beauvoir

de Beauvoir, S. (2021) What Is Existentialism? Penguin Random House, London.

Moi, K. (2008) Simone de Beauvoir: The Making of an Intellectual Woman. Oxford University Press, New York.

Vegara, I. (2018) Simone de Beauvoir. Little People. Big dreams. Suhrkamp Verlag, Frankfurt.

Angela Davis

Davis, A. (2021) Angela Davis: An Autobiography. Haymarket Books, Chicago.

Davis, A. (2022) Abolition. Feminism. Now. Haymarket Books, Chicago.

Grolleau, F. (2021) Gejagt: Die Flucht der Angela Davis. Cross Cult, Ludwigsburg.

Jones, S. (2021) Conversations with Angela Davis. University Press. Mississippi.

Vera Rubin

Yeager, A.J. (2021) Bright Galaxies, Dark Matter, and beyond: The Life of Astronomer Vera Rubin. Independently Published.

Rubin, V.C. (1997) Bright Galaxies, Dark Matters. Independently Published.

Jocelyn Bell Burnell

Bartusiak, M. (2018) Dispatches from Planet 3. Yale University Press, New Haven.

Jones, M. H. and Green, S. F. (2004) An Introduction to the Sun and Stars. University Press, Cambridge.

Audre Lorde

Lorde, A. (2000) The Collected Poems of Audre Lorde. WW Norton and Co., New York.

Lorde, A. (2017) Your Silence Will Not Protect You. Siver Press, Madrid.

Lorde, A. (2021) Ein strahlendes Licht: Schriften, Reden und Gespräche. AKI Verlag, Zürich.

Judith Butler

Butler, J. (2019) Rücksichtslose Kritik: Körper, Rede, Aufstand. University Press, Konstanz.

Butler, J. (2014) Die Macht der Enteigneten: Das Performative im Politischen. Diaphanes Verlag, Zürich.

Lorenz, A. (2018) Judith Butler (Philosophie für Einsteiger). Fink Verlag, Paderborn.

Donna Strickland

Abramczyk, H. (2005) Introduction to Laser Spectroscopy. Elsevier Science, Amsterdam.

Andrea Ghez

Mee, N. (2012) Supermassive Black Holes. The Cosmic Mystery Tour. Oxford University Press, London.

Van Altena, W. F. (2012) Astrometry for Astrophysics: Methods, Models, and Applications. University Press, Cambridge.

Figer, D. F. (2009) Massive-star Formation in the Galactic Center. Independently Pubished.

bell hooks

hooks, b. (2014) Talking Back: Thinking Feminist, Thinking Black. Routledge, New York.

hooks, b. (2018) Alles über Liebe. Harper Collins, New York.

hooks, b. (2021) Feminismus für alle. Unrast Verlag, Münster.

Donna Haraway

Haraway, D. (2018) Unruhig bleiben: Die Verwandtschaft der Arten im Chthuluzän. Campus Verlag, Frankfurt.

Haraway, D. (2027) Monströse Versprechen: Die Gender- und Technologie-Essays. Argument Verlag, Hamburg.

Hoppe, K. (2021) Die Kraft der Revision: Epistemologie, Politik und Ethik bei Donna Haraway. Campus Verlag, Frankfurt.

Mary K. Gaillard

Luciano, M., and Luigi, R. (2016) The Standard Theory of Particle Physics: Essays to Celebrate CERN's 60th Anniversary. World Science Publishing, Singapore.

Gaillard, M. K. and Nikolic, M. (1977) Weak Interactions. Paris: Institut national de physique nucleaire.

Karen Barad

Barad, K. (2015) Verschränkungen. Merve Verlag, Berlin.

Barad, K. (2012) Agentieller Realismus. Suhrkamp Verlag, Frankfurt.

Davies, B. (2020) Entanglement in the Worlds Becoming and the Doing of New Materialist Inquiry. Routledge, New York.

Weiterführende Hinweise

Hypatia

Hypatia ist der Name eines sehr bekannten und renommierten Journals für feministische Philosophie. Die Namensgeberin ist zwar nicht durchgängig präsent und doch gibt es immer mal Verweise auf die antike Philosophin. Ihr feministisches Werk gab den Anlass zur Benennung des Journals.

Hildegard von Bingen

In der Benediktinerinnenabtei St. Hildegard findet sich das Zentrum für Wissenschaft, Forschung und europäische Spiritualität. Außerdem verfügt das Konvent über die physische als auch die digitale Gesamtausgabe des Werkes von Hildegard von Bingen. Im Kloster, das von der Philosophin mitgegründet wurde, finden regelmäßig Veranstaltungen, Konzerte und Exkursionen statt. Auch Übernachtungen sind in der Abtei möglich und eine fantastische Gelegenheit, die Universalgelehrte besser kennenzulernen.

Caroline Herschel

In Bath, England kann man das Herschel Museum für Astronomie besuchen, in dem sich Ausstellungen zu den Errungenschaften von Caroline und ihrem Bruder William finden. Das Haus, das dieses Museum beherbergt, ist das ehemalige Wohnhaus der Geschwister. In ihrer Geburtsstadt Hannover ist heute die Volkssternwarte nach den Herschels benannt. Außerdem lässt sich auf dem Gartenfriedhof in Hannover das Grab von Caroline besuchen.

Im Jahre 2013 veröffentlichten die Musiker Philip Henry und Hannah Martin ihren Song *Song for Caroline Herschel*, der sich z.B. auf YouTube finden lässt.

Emmy Noether

Emmy Noether wohnte von 1932 bis 1934 in einem Haus im Stegemühlenweg 51 in Göttingen. Dort wurde im Jahr 1978 eine Gedenktafel angebracht.

Im Jahre 2020 sprach sich das Studierendenparlament der Universität Göttingen für eine Umbenennung der Universität in ›Emmy-Noether-Universität‹ aus. Vielleicht würde damit die erste deutsche Universität nach einer Frau benannt.

In ihrer Geburtsstadt Erlangen gibt es mehrere Andenken an sie: z.B. ist ein Gymnasium nach ihr benannt und es findet sich eine Gedenktafel an ihrem Geburtshaus.

Neben dem Emmy-Noether-Programm der Deutschen Forschungsgemeinschaft gibt es auch *Emmy Noether visiting fellowships* am *Perimeter Institute for Theoretical Physics* in Waterloo, Kanada sowie die sogenannte *Noether lecture*, die jährlich von der Association for Women in Mathematics organisiert wird und Frauen in der Mathematik ehren soll.

Marie Curie

Seit 1995 ist Marie Curie im Panthéon, also der ›Ruhmeshalle der französischen Nation‹ in Paris, beigesetzt. Die Pierre-und-Marie-Curie-Universität (Paris VI) wurde nach ihr benannt und es gibt unzählige andere Würdigungen. Neben mehreren Filmen gibt es auch Theaterstücke, in denen sie die zentrale Rolle spielt. Z.B. führt das *Theaterlust* Ensemble in der zweiten Hälfte des Jahres 2022 ein biografisches Theaterstück auf. Termine und Aufführungsorte lassen sich im Internet finden.

Rosa Luxemburg

In Berlin finden sich sehr viele Denkmäler und Erinnerungen an Rosa Luxemburg. Eines der zentralen ist das Denkmal an der Lichtensteinbrücke über den Landwehrkanal, an dem der Leichnam von Rosa Luxemburg 1919 in den Kanal geworfen wurde. Eine Bronzeplastik von Luxemburg steht vor dem Eingang des Hauses Franz-Mehring-Platz 1 in Friedrichshain, heute befindet sich dort der Sitz der Rosa-Luxemburg-Stiftung. Nach Angaben der Stiftung wurde auch eine Straße und ein Platz in Berlin-Mitte nach Rosa Luxemburg benannt.

https://www.rosalux.de/stiftung/historisches-zentrum/rosa-luxemburg/orte-in-berlin

Hannah Arendt

Unter dem Motto: »We are free to change the world and start something new in it« haben sich 2021 acht Künstler*innen in London zusammengeschlossen, um künstlerische Exponate zu acht Essays von Hannah Arendt anzufertigen. Auf der Website der Richard Saltoun Gallery sind in diesem Kontext entstandene Virtual Readings zu sehen:

https://www.richardsaltoun.com/exhibitions/84-on-hannah-arendt-eight-proposals-for-exhibition/

2020 gab es in Berlin eine sehr spannende Ausstellung im Deutschen Historischen Museum. Die Ausstellung beschäftigte sich maßgeblich mit der Auseinandersetzung Arendts mit dem 20. Jahrhundert. Auch wenn die Ausstellung inzwischen beendet ist, ist die Publikation *Hannah Arendt und das 20. Jahrhundert* über den Online-Shop des Deutschen Historischen Museums weiter zu erhalten. 2021 wurde die Ausstellung in der Bundeskunsthalle Bonn gezeigt, 2022 haben Interessierte noch die Chance, die Ausstellung im Literaturhaus München zu besuchen.

In Oldenburg befindet sich in der Universitätsbibliothek das Hannah Arendt-Archiv, was nach Absprache und vorheriger Anmeldung besucht werden kann. Hier finden sich verschiedenste Materialien und sehr spannende originale Schriftstücke.

Hannah Arendt wurde in Hannover im Stadtteil Linden geboren. In Hannover sind viele Schulen, Kindergärten und Straßen nach der Tochter der Stadt benannt. Im Haus am Lindener Marktplatz 2 wurde Hannah Arendt geboren. Heute erinnert eine Gedenktafel und ein Wandgemälde mit dem berühmten Zitat »Kein Mensch hat das Recht zu gehorchen« an die Geschichte der berühmten Philosophin. In Hannovers Nordstadt befindet sich das Hannah-Arendt-Haus in der Schaufelder Straße 30. Im Bibliotheks- und Medienzentrum treffen sich viele Menschen zu gemeinsamen Arbeitskreisen. Es gibt aber auch regelmäßige Veranstaltungen.

http://www.ha-bib.de/home/

Auch in der Stadtbibliothek in Hannover wird Hannah Arendt gedacht. Hier gibt es einen besonderen Hannah-Arendt-Raum zu Hannah Arendts Leben und Werk.

Im Oktober finden in Hannover die Hannah Arendt Tage statt. 2021 war das Motto ›Start Doing! Unsere Verantwortung für die Zukunft‹. Zu dem jeweils gewählten Thema gibt es Vorträge, Workshops und Lesungen, diese werden von der Leibniz Universität, der Volkswagen Stiftung und der Stadt Hannover finanziert.

https://www.hannover.de/Wirtschaft-Wissenschaft/Wissenschaft/Initiative-Wissenschaft-Hannover/HANNAH-ARENDT-TAGE/Aktuelle-Veranstaltungen-Meldungen

Lise Meitner

Lise Meitner ist auf dem Friedhof von Bramley in West London begraben. Auf ihrem schlichten Grabstein findet sich die Inschrift ›A physicist that never lost her humanity‹.

Das chemische Element 109 ist nach ihr ›meitnerium‹ benannt und die Europäische Physikalische Gesellschaft hat einen Preis nach ihr benannt. Das Hahn-Meitner-Institut in Berlin ist nach ihr benannt und an der Universität Wien gibt es eine Büste zu ihren Ehren.

Seit 2016 verleiht das *Institute of Physics* die Meitner Medaille, die besondere Physik-Beiträge in Wissenschaft, Lehre und Anwendungen ehrt.

Rosalind Franklin

Die Royal Society (Großbritannien) verleiht den *Rosalind Franklin Award* für erfolgreiche Projekte, die zur Förderung von Frauen in Naturwissenschaften, Technologie, Ingenieurwissenschaften und Mathematik dienen.

An der Universität von London (Birkbeck) gibt es seit 1997 das Rosalind Franklin Labor, in dem die Forschung, die von Rosalind Franklin initiiert wurde, weitergeführt wird.

Im Jahr 2005 wurde das erste Mal das Theaterstück *Rosalind: A Question of Life* von Deborah Gearing aufgeführt. Es ist mittlerweile auch als Buch erhältlich.

Simone de Beauvoir

Vom März 2022 bis Oktober 2022 zeigt die Bundeskunsthalle in Bonn eine Ausstellung zu Simone de Beauvoir. Die Ausstellung befasst sich mit

Beauvoirs bekanntestem Werk und den politischen und gesellschaftlichen Einflüssen der Themen bis in unsere Zeit.

Um international auf den Fußstapfen von Simone de Beauvoir, Jean-Paul Sartre und ihren berühmten Freund*innen zu wandeln, ist ein Besuch im Cafe de Flore in Paris unverzichtbar. Hier finden sich viele Erinnerungsstücke an das bekannte Paar und aus dem Fenster ergibt sich ein wundervoller Blick auf die Stadt.

Angela Davis

In New Brunswick in den USA findet bis zum 2022 die Ausstellung zu Davis Wirken im Kontext der Schwarzen Bürger*innenrechtsbewegung unter dem Titel *Seize the time* statt.

Die Ausstellung Angela Davis – Outspoken, organisiert vom GLBT Historical Society Museum und 2018 gezeigt, ist inzwischen auf der Seite des Museums in digitaler Version zu bestaunen.

https://www.glbthistory.org/angela-davis

In den USA finden sich vielfältige Murals (Wandgemälde), die Angela Davis gewidmet sind und ihre Rolle in der Schwarzen Bürger*innenrechtsbewegung fokussieren.

Davis hält bis heute regelmäßig Vorträge, digital und in Präsenz. In der Regel sind diese sehr gut besucht und schnell ausverkauft. Die Erlöse der Vorlesungen gehen immer an Initiativen für das Empowerment Schwarzer Menschen.

Vera Rubin

In Chile wird zurzeit das *Vera C. Rubin Observatorium* gebaut – das erste nach einer Frau benannte Observatorium in den Amerikas. Dieses wird ein Spiegelteleskop mit 8,4 Metern Durchmesser enthalten. Mehr Informationen lassen sich z.B. hier finden: https://www.lsst.org/. Zudem wird seit 2017 der *Vera Rubin Early Career Prize* an herausragende junge Astronom*innen vergeben.

Jocelyn Bell-Burnell

Obwohl sie nie den Nobelpreis erhielt, wurde Jocelyn Bell-Burnell im Jahre 2007 zur *Dame Commander of the British Empire* ernannt. Das Preisgeld von 2,3 Millionen Pfund für den ›Special Breakthrough Prize in physics‹, den Jocelyn Bell-Burnell im Jahre 2018 erhielt, stiftete sie für den Aufbau einen neuartigen Fonds, den *Bell-Burnell Graduate Scholar Fund*, der in der Physik unterrepräsentierte Gruppen fördert, um die Diversität im akademischen Bereich zu erhöhen.

Audre Lorde

Am John F. Kennedy Institut für Nordamerikanische Studien gibt es eine Dauerausstellung zum Film Audre Lorde – The Berlin Years. Diese enthält, Fotografien, Videomaterial und Notizen.

https://www.jfki.fu-berlin.de/en/library/exhibitions/audre_lorde_exhibition/index.html

Auf http://audrelordeberlin.com/de/ ist es möglich, eine Online-Reise durch Audre Lordes Zeit in Berlin zu unternehmen. Eine spannende Möglichkeit, um auch die Bedeutung dieser Jahre und ihr akademisches Wirken in der Stadt und auf die Afro-deutsche Community und darüber hinaus auf sich wirken zu lassen.

Donna Strickland

Zu Donna Strickland gibt es überraschend wenig Material. Sie ist nach wie vor in der Forschung aktiv und ihre Webseite an der Universität Waterloo, Kanada, ist

https://uwaterloo.ca/physics-astronomy/people-profiles/donna-strickland

Andrea Ghez

Auch zu Andrea Ghez findet sich bislang wenig. Auch sie ist noch in der Forschung aktiv und leitet zurzeit die von ihr gegründete *Galactic Center Group* an der Universität von Kalifornien in Los Angeles (UCLA). Ihre Webseite https://astro.ucla.edu/~ghez/ liefert einige Informationen zu ihrer Arbeit, aber interessanter ist sicherlich die Webseite ihrer Arbeitsgruppe https://galacticcenter.astro.ucla.edu/about.html, die viele Informationen zu neuen Forschungserlebnissen und Animationen zur Sternenbewegung um das galaktische Zentrum enthält.

Donna Haraway

In den USA hält Haraway regelmäßig Vorträge, oftmals werden diese kostenfrei live gestreamt. Das ist eine großartige Möglichkeit, die Theoretikerin mal live und unmittelbar zu erleben. Häufig gibt es auch die Option, Fragen in den Chat zu stellen, die im Anschluss direkt geklärt werden können.

Gleiches gilt auch für Karen Barad, die im deutschen Kontext noch eher unbekannt ist, als auch für Judith Butler. Vorträge von Butler können aber gelegentlich auch in Deutschland und den Nachbarländern gehört werden. Doch auch hier gilt es, schnell zu sein. Die Tickets sind sehr begehrt. Ein Besuch lohnt sich aber definitiv.

Mary K. Gaillard

Zu Mary K. Gaillard findet sich ebenso wenig. Man kann ihre Webseite an der Universität Berkley besuchen https://web.archive.org/web/20100621133251/http://www.physics.berkeley.edu/research/faculty/gaillard.html, allerdings gibt es dort nur wenig Informationen.

Sie nimmt nach wie vor an Tagungen und Symposien teil, es lohnt sich also, ab und zu im Internet nach ihr zu suchen.

Karen Barad

Karen Barad ist sehr aktiv und hält oft Vorträge (sehr empfehlenswert) und publiziert Bücher sowie Artikel. Ihre Webseite an der Universität von Kalifornien Santa Cruz enthält Informationen und Links zu weiterführenden Materialien: https://people.ucsc.edu/~kbarad/ und https://philosophy.ucsc.edu/faculty/index.php?uid=kbarad.

Time-Line: Frauen in der Physik und Philosophie

Antike

Aspasia aus Milet (um 460–401 v. Chr.), griechische Rednerin und Philosophin

Diotima aus Matineia (unklar, ob echt oder erfunden), weise Frau, Figur in Platons Symposion

Aglaonike (ca. 150 v. Chr.), griechische Astronomin

Hypatia (ca. 370–415), griechische Philosophin, Mathematikerin und Astronomin

12. Jahrhundert

Hildegard von Bingen (etwa 1098–1179), deutsche Benediktiner-Äbtissin und Universalgelehrte

Mechthild von Magdeburg (1210–1282), deutsche Zisterzienserin, Mystikerin

Christine de Pizan (1365–1430), französische Schriftstellerin und Philosophin

16. Jahrhundert

Sophia Brahe (1556–1643), dänische Astronomin, Chemikerin und Medizinerin

Marie de Gournay (1565–1645), französische Religionskritikerin, Feministin, Übersetzerin, literarische Nachlassverwalterin Michel de Montaignes

17. Jahrhundert

Elisabeth von der Pfalz (1618–1680), Korrespondenzpartnerin von Descartes

Sophie von der Pfalz (1630–1714), Korrespondenzpartnerin von Leibniz

Elena Lucrezia Cornaro Piscopia (1646–1684) italienische promovierte Philosophin

Elisabeth Catherina Koopmann-Helvelius (1647–1693), deutsch-polnische Astronomin

Maria Margaretha Kirch (1670–1729), deutsche Astronomin

Maria Clara Eimmart (1676– 1707), deutsche Astronomin

Jeanne Dumée (1680–1706), französische Astronomin

18 Jahrhundert

Laura Bassi (1711–1778), italienische Philosophin und Physikerin, erste Universitätsprofessorin der Geschichte (Bologna)

Nicole-Reine Lepaute (1723–1788), französische Astronomin und Mathematikerin

Cristina Roccati (1732–1797), italienische Physikerin

Louise du Pierry (1746–1807), französische Astronomin und Professorin an der Sorbonne Paris

Olympe de Gouges (1748–1793), französische Frauenrechtlerin

Caroline Herschel (1750–1848), deutsch-englische Astronomin und Entdeckerin

Mary Wollstonecraft (1759–1797), englische Frauenrechtlerin und Erziehungstheoretikerin

Sophie Germain (1776–1831), französische Mathematikerin, Philosophin und Physikerin

Mary Somerville (1780–1872), schottische Astronomin

19. Jahrhundert

Ada Lovelace (1815–1852), englische Mathematikerin, Computer-Pionierin

Maria Mitchell (1818–1889), US-amerikanische Astronomin und erstes weibliches Mitglied der American Academy of Arts and Sciences

Thereza Dillwyn Llewelyn (1834–1926), walisische Astronomin und Pionierin der Wissenschaftsfotografie

Sofya Vasilyevna Kovalevskaya (1850–1891), russische Mathematikerin

Hertha Ayrton (1854–1923), englische Ingenieurin, Physikerin, Mathematikerin und Suffragette

Dorothea Klumpke Roberts (1861–1942), US-amerikanische Astronomin

Lou Andreas-Salomé (1861–1937), russisch-deutsche Feministin, Psychoanalytikerin

Margaretta Palmer (1862–1924), US-amerikanische Astronomin

Marie Curie (1867–1934), polnisch-französische Physikerin und zweifache Nobelpreisträgerin (Physik und Chemie)

Philippa Garrett Fawcett (1868–1948), englische Mathematikerin

Isabelle Stone (1868–1966), US-amerikanische Physikerin

Henrietta Swan Leavitt (1868–1921), US-amerikanische Astronomin

Edith Anne Stoney (1869–1938), irische Physikerin

Helene Stöcker (1869–1943), deutsche Feministin und Sexualreformerin

Lise Meitner (1878–1968), deutsch-schwedische Physikerin

Emmy Noether (1882–1935), deutsche Mathematikerin

Edith Stein (1891–1942), deutsche Phänomenologin, Mystikerin, Pädagogin

Marietta Blau (1894–1970), österreichische Physikerin

20. Jahrhundert

Cecilia Payne (1900–1979), britisch-US-amerikanische Astronomin und Astrophysikerin

Hertha Wambacher (1903–1950), österreichische Physikerin

Berta Karlik (1904–1990), österreichische Physikerin

Dorothy Emmet (1904–2000), britische Philosophin, Themen: Prozessphilosophie, Politische Philosophie, Religionsphilosophie

Maria Goeppert Mayer (1906–1972), deutsch-US-amerikanische Physikerin, Nobelpreisträgerin (Physik, 1963)

Grace Hopper (1906–1992), US-amerikanische Computerwissenschaftlerin und Admiral der Amerikanischen Marine

Marguerite Catherine Perey (1909–1975), französische Physikerin

Chien-Shiung Wu (1912–1997), chinesisch-US-Amerikanische experimentelle Teilchenphysikerin

Hedy Lamarr (1914–2000), österreichisch- US-amerikanische Erfinderin und Schauspielerin

Frances Elizabeth Holberton (1917–2001), US-amerikanische Computerwissenschaftlerin, eine der sechs Frauen, die den ersten Computer (ENIAC) entwickelten

Katherine Johnson (1918–2020), US-amerikanische Mathematikerin, die für die NASA arbeitete

Iris Murdoch (1919–1999), anglo-irische Moralphilosophin und Literatin

Margaret Burbidge (1919–2020), britisch-US-amerikanische Astronomin und Astrophysikerin

Rosalind Franklin (1920–1958), englische Physikerin und Chemikerin, Entdeckerin der Doppelhelix-Struktur der DNA

Kathleen Mauchly Antonelli (1921–2006), irische Computerwissenschaftlerin, eine der sechs Frauen, die den ersten Computer (ENIAC) entwickelten

Frances Spence (1922–2012), US-amerikanische Computerwissenschaftlerin, eine der sechs Frauen, die den ersten Computer (ENIAC) entwickelten

Marlyn Wescoff Meltzer (1922–2008), US-amerikanische Computerwissenschaftlerin, eine der sechs Frauen, die den ersten Computer (ENIAC) entwickelten

Ruth Teitelbaum (1924–1986), US-Amerikanische Computerwissenschaftlerin, eine der sechs Frauen, die den ersten Computer (ENIAC) entwickelten

Jean Jennings Bartik (1924–2011), US-amerikanische Computerwissenschaftlerin, eine der sechs Frauen, die den ersten Computer (ENIAC) entwickelten

Vera Rubin (1928–2016), US-amerikanische Astronomin und Astrophysikerin

Luce Irigaray (* 1930), französische feministische Psychoanalytikerin und Kulturtheoretikerin mit Schwerpunkt Poststrukturalismus und Gender Studies

Ruth Millikan (* 1933), US-amerikanische Sprachphilosophin

Karen Gloy (* 1941), deutsche Philosophin

Julia Kristeva (* 1941), bulgarisch-französische Literaturtheoretikerin, Psychoanalytikerin, Schriftstellerin und Philosophin

Karen Keskulla Uhlenbeck (* 1942), US-amerikanische Mathematikerin

Chantal Mouffe (* 1943), belgische Politikwissenschaftlerin

Jocelyn Bell Burnell (* 1943), nordirische Astrophysikerin, Entdeckerin von Pulsaren

Donna Haraway (* 1944) US-amerikanische Naturphilosophin, Poststrukturalistin

María Teresa Ruiz (* 1946), chilenische Astronomin

Shirley Ann Jackson, (* 1946), US-amerikanische Physikerin

Adriana Cavarero (* 1947), italienische Philosophin und Feministin

Martha Nussbaum (* 1947), US-amerikanische Ethikerin und politische Philosophin

Nancy Fraser (* 1947), US-amerikanische Philosophin und Feministin

Seyla Benhabib (* 1950), US-amerikanische Philosophin und Gender-Theoretikerin

Karen Barad (* 1956) US-Amerikanische Philosophin und Teilchen-Physikerin

Donna Strickland (* 1959), kanadische Physikerin, Nobelpreisträgerin (Physik 2018)

Andrea Ghez (* 1965), US-amerikanische Astrophysikerin, Nobelpreisträgerin (Physik 2020)

Anna Katherina Vivas (* 1972), venezolanische Astrophysikerin

Rebekka Reinhard (* 1972), deutsche Philosophin, Schwerpunkt Praktische und Feministische Philosophie

Katherine Louise Bouman (* 1989), US-amerikanische Ingenieurin und Computerwissenschaftlerin, entscheidend an der Datenverarbeitung zur Erstellung des ersten Fotos eines Schwarzen Lochs beteiligt (*Event Horizon Telescope Collaboration*)

Abbildungsverzeichnis

Abbildung 1a: https://en.wikipedia.org/wiki/File:Iranian_Astrolabe_14.jpg

Abbildung 1b: https://commons.wikimedia.org/wiki/File:Planispheric_astrolabe.png

Abbildung 2: https://en.wikipedia.org/wiki/Scivias#/media/File:Meister_des_Hildegardis-Codex_001_cropped.jpg

Abbildung 3: Adaptiert von https://en.wikipedia.org/wiki/Comet_Hale%E2%80%93Bopp#/media/File:Comet_Hale-Bopp_1995O1.jpg

Abbildung 4: https://commons.wikimedia.org/wiki/File:Standard_Model_of_Elementary_Particles-de.svg

Abbildung 5a: https://en.wikipedia.org/wiki/Alpha_particle#/media/File:Alpha_Decay.svg

Abbildung 5b: https://en.wikipedia.org/wiki/Beta_decay#/media/File:Beta-minus_Decay.svg

Abbildung 5c: https://en.wikipedia.org/wiki/Gamma_ray#/media/File:Gamma_Decay.svg

Abbildung 6: Betti Hartmann

Abbildung 7: Adaptiert von https://commons.wikimedia.org/wiki/File:Experimental_setup_of_Photo_51.svg

Abbildung 8: Adaptiert von https://en.wikipedia.org/wiki/Galaxy_rotation_curve#/media/File:Rotation_curve_of_spiral_galaxy_Messier_33_(Triangulum).png

Abbildung 9: https://www.spektrum.de/lexikon/astronomie/pulsar/363

Abbildung 10: Adaptiert von https://en.wikipedia.org/wiki/Chirped_pulse_amplification#/media/File:Chirped_pulse_amplification.png

Abbildung 11: https://galacticcenter.astro.ucla.edu/plot_central_image_2020_hires.png

Abbildung 12: Betti Hartmann

Abbildung 13: https://de.wikipedia.org/wiki/Doppelspaltexperiment#/media/Datei:Double-slit_de.svg

Natasha A. Kelly

Schwarzer Feminismus

Grundlagentexte

2. Auflage
232 Seiten | 16.00 €
ISBN 978-3-89771-317-8

Schwarze feministische Grundlagentexte erstmals in deutscher Übersetzung

Als Sojourner Truth während ihrer Rede auf einem Frauenkongress in Akron, Ohio, 1851 die Frage stellte, ob sie denn keine Frau* sei, brachte sie eine Debatte ins Rollen, deren Ausmaß nicht abzusehen war. Sie hatte nämlich gleichermaßen weiße Frauen* für den Rassismus und Schwarze Männer für den Sexismus kritisiert, den sie Schwarzen Frauen* jeweils entgegenbrachten. Erst 150 Jahre später, erhielt diese spezifische Form der Mehrfachdiskriminierung einen Namen. Es war Kimberlé Crenshaw, die den Begriff der ›Intersektionalität‹ prägte, der seitdem aus feministischen Diskursen nicht mehr wegzudenken ist.

Der vorliegende Band dokumentiert ausgewählte Texte von Sojourner Truth, Angela Davis, The Combahee River Collective, bell hooks, Audre Lorde, Barbara Smith, Kimberlé Crenshaw und Patricia Hill Collins. Sie erscheinen erstmals in deutscher Sprache.

Antje Schrupp & Patu

Kleine Geschichte des Feminismus

im euro-amerikanischen Kontext

5. Auflage
88 Seiten | 9.80 €
ISBN 978-3-89771-314-7

Einführender Sachcomic – unterhaltsam und reich illustriert

Philosophinnen, Rebellinnen, Aktivistinnen: Dieser Comic erzählt die Geschichte des Feminismus im euro-amerikanischen Kontext von der Antike bis heute. Vorgestellt werden dabei nicht nur einzelne Feministinnen, sondern auch wichtige feministische Debatten, zum Beispiel über gleiche Rechte, Hausarbeit, freie Liebe, Gleichheit und Differenz oder Gendermainstreaming, in ihrem jeweiligen historischen Kontext.

»Ein äußerst empfehlenswertes Werk, um sich in kurzer Zeit einen Überblick über feministische Herstory zu verschaffen und dabei noch durch geniale Zeichnungen und Textblasen unterhalten zu werden.«

Tina Schulze
Missy Magazine

Marie-Christina Latsch

_ Mind the Gap

Einblicke in die Geschichte und Gegenwart queerer (Lebens)Welten

Großformat A4
164 Seiten | 19,80 €
ISBN 978-389771-304-8

Queere Identitäten und Stragien im Wandel der Zeit

_ *Mind the gap* schafft Raum für Menschen und Handlungen, die nicht den heterosexuellen Normen von Körper, Geschlecht und Begehren entsprechen.

Das Buch erzählt, wann, wo und wie diese Menschen ihre Lebenskonzepte in eigener Form umgesetzt und damit gewaltig an den scheinbar so starren Kategorien Mann und Frau, Homo und Hetero gerüttelt haben und es heute noch tun.

Gestalterisch knüpfen das Buch als auch die im Buch enthaltenden Collagen an die Theorie des ›Gender-Copy-Left‹ an, wonach kein echtes Geschlecht existiert, sondern das Geschlecht veränderbar und beliebig manipulierbar ist und auf verschiedene Arten neu erzeugt werden kann.

UNRAST Verlag | www.unrast-verlag.de | kontakt@unrast-verlag.de UNRAST

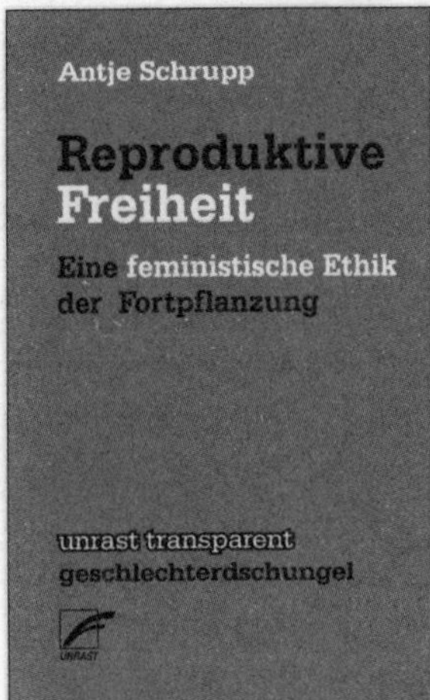

Antje Schrupp

Reproduktive Freiheit

Eine feministische Ethik der Fortpflanzung

88 Seiten | 7.80 €
ISBN 978-3-89771-151-8

Es ist höchste Zeit, reproduktive Gerechtigkeit aus einer queerfeministischen Perspektive neu zu bestimmen!

Reproduktionstechnologien machen rasante Fortschritte, dabei sind die politischen Implikationen noch gar nicht diskutiert. Dass nur etwa die Hälfte der Menschheit schwanger werden kann, wirft in politischer Hinsicht Gerechtigkeitsfragen auf: Unter welchen Umständen werden Menschen schwanger und gebären? Welche Rechte (auf Unterstützung) und welche Pflichten (gegenüber der Gesellschaft oder anderen Erwachsenen) haben sie?

Antje Schrupp umreißt die ethischen Herausforderungen des Themas, macht Vorschläge, wie reproduktive Gerechtigkeit in einer herrschaftsfreien Gesellschaft gedacht werden kann und plädiert für die Bereitschaft, über die bisherigen Horizonte hinauszudenken.

Lena Völkening

Gendern

Warum wir die Flexibilität des Sprachsystems nutzen sollten

160 Seiten | 14 €
ISBN 978-3-89771-340-6

Ein Plädoyer für sprachgerechtes Gendern

Auch wenn sich fast alle einig sind, dass wir weniger diskriminierend kommunizieren möchten, wird über kaum etwas derzeit so heftig debattiert wie über das Thema Gendern. Doch ist es überhaupt notwendig, die Sprache umzugestalten? Welche Veränderungen lässt unser Sprachsystem problemlos zu und welche eher nicht? Um entscheiden zu können, ob und wie wir gendern wollen, ist es hilfreich zu verstehen wie Sprache im Allgemeinen funktioniert. Sprache ist so komplex wie das Innenleben von uns Menschen – und dabei geht es nicht nur um Rechtschreibregeln.

Es sind faszinierende Erkenntnisse aus der Linguistik, anhand derer Lena Völkening erklärt, welchen Einfluss Sprache auf unser Denken hat, wie Bedeutung entsteht und wie Sprachwandel ganz generell vonstattengeht. Dabei erklärt und begründet die Sprachwissenschaftlerin, Übersetzerin und Journalistin, warum einige gendergerechte Formen besser funktionieren als andere.